FORSCHUNGSBERICHTE DES LANDES NORDRHEIN-WESTFALEN

Nr. 2353

Herausgegeben im Auftrage des Ministerpräsidenten Heinz Kühn
vom Minister für Wissenschaft und Forschung Johannes Rau

Prof. Dr. phil. nat. Otto Schäfer
Dozent Dr.-Ing. Klaus W. Pleßmann

Institut für Regelungstechnik der
Rhein.-Westf. Techn. Hochschule Aachen

Zur Bestimmung integraler Gütemaße
linearer, zeitinvarianter Systeme

Westdeutscher Verlag Opladen 1973

ISBN-13: 978-3-531-02353-3   e-ISBN-13: 978-3-322-88183-0
DOI: 10.1007/978-3-322-88183-0

© 1973 by Westdeutscher Verlag, Opladen

Gesamtherstellung: Westdeutscher Verlag

Inhalt

1. Einleitung 5
2. Systembeschreibung 6
   2.1   Die allgemeine Vektor-Matrix-Differentialgleichung 6
   2.2   Lineare Transformationen 9
   2.2.1   Transformation in phasenvariable Form 12
   2.2.2   Die Schwarz-kanonische Matrix 16
   2.3   Zusammenstellung 24
3. Integrale Gütemaße 25
   3.1   Die Ljapunow-Funktion 26
   3.2   Bestimmung von Gütemaßen mit Hilfe der Schwarz'-
           schen Matrix 28
   3.3   Bestimmung von Gütemaßen mit Hilfe der Routh'-
           schen Matrix 32
   3.4   Zeitbeschwerte quadratische Gütemaße 35
4. Zusammenfassung 43
5. Literaturverzeichnis 45
   Abbildungen 46

1. Einleitung

Bei der Behandlung linearer Systeme der Regelungstechnik werden die meisten Synthese-Verfahren im wesentlichen zur Bestimmung der Parameter bei bekannter Struktur der Regler angewandt. In anderen Fällen kann darüber hinaus die Wahl eines geeigneten Netzwerkes notwendig werden. Diesen Verfahren ist die mathematische Behandlung des Optimierungsproblems gemeinsam, wonach das Minimum für ein integrales Gütemaß, welches die meßbaren Größen als Integrand enthält, zu finden ist.

Wird nach dieser Methode ein Prozeß mit einer Vielzahl von Einzelproblemen behandelt, so wird für das Gesamtsystem nur dann ein globales Optimum gefunden, wenn keine Kopplungen der Einzelsysteme untereinander vorhanden sind. In diesem Fall ist das globale Optimum gleich der Summe der lokalen Optima. Bei Kopplungen im Gesamtsystem kann nur dann von einem globalen Optimum gesprochen werden, wenn sämtliche Systemvariablen im Integranden des Gütemaßes Berücksichtigung finden. Im Hinblick auf technische Prozesse ist festzuhalten, daß diese im wesentlichen nur als Mehrgrößensysteme beschrieben werden können. Durch geeignete Entkopplungsnetzwerke ist es zwar möglich, das Übertragungsverhalten der einzelnen Regelgrößen auf Eingrößenstruktur zu transformieren, wobei allerdings zu bedenken ist, daß dieses Verfahren nicht notwendigerweise den kleinsten Wert eines speziellen Gütemaßes liefert. Im Hinblick auf das globale Optimum ist eine Entkopplung nur dann anwendbar, wenn jede der Systemvariablen tatsächlich isoliert von den anderen zu sehen ist. Ist dies nicht der Fall, sind also insbesondere Gewichtungen der einzelnen Regelgrößen notwendig, so kann eine Entkopplung nicht in Betracht kommen.

Bei der Betrachtung bewährter Methoden, wie sie insbesondere für Folgesysteme in der Literatur angegeben werden [1], zeigt sich, daß in Abhängigkeit vorgegebener Gütemaße optimale Pol-Nullstellenverteilungen bestimmt werden können [2]. Daß sich diese Verteilungen im wesentlichen auf integrale Gütemaße beziehen, ist offensichtlich. Von Bedeutung ist in diesem Zusammenhang, daß unter bestimmten Voraussetzungen eine analytische Bestimmung der optimalen Polstellenverteilung möglich ist [3]. Gerade die analytische Bestimmung hat insofern Vorteile als für jedes beliebige Regelsystem ohne numerische Methoden eine Optimierung im Sinne dieses Gütemaßes vorgenommen werden kann. Andererseits ist aber festzuhalten, daß Normpolynome der gleichen Gütemaße bestimmt werden können [2,4], die die Eigenschaften des gesamten Systems festlegen.

Diese Verfahren gehen jedoch grundsätzlich vom Eingrößensystem aus. Sie sind demnach nur unter der Voraussetzung entkoppelter Mehrgrößensysteme anwendbar. Insbesondere das Entwurfsverfahren auf der Basis der Normpolynome ist ausschließlich in Zusammenhang mit entsprechenden Entkopplungsnetzwerken zu sehen.

Im vorliegenden Bericht wird gezeigt, wie die Beschreibung eines linearen Systems durch seine Zustandsvariablen dazu genutzt werden kann, den Wert von Gütemaßen analytisch zu ermitteln. Unter Verwendung geeigneter Transformationen gelingt es, ein beliebig verkoppeltes System so abzubilden, daß die quadratische Regelfläche gewichteter Systemvariabler erhalten wird. Es ist nicht Aufgabe der vorliegenden Arbeit Normpolynome gekoppelter Systeme mit Hilfe der dargelegten Verfahren abzuleiten, sondern zu zeigen, in welcher Weise die Beschreibung im Zustandsraum zur Bestimmung dieser Gütemaße Verwendung finden kann.

Um den numerischen Aufwand so klein wie möglich zu halten, werden ausschließlich quadratische und zeitbeschwerte quadratische Gütemaße verwandt. Sind diese durch Entwurfsvorschriften nicht zulässig, da die Pole der Übertragungsfunktionen meist nahe der imaginären Achse liegen, so kommen nur noch rechenintensive numerische Methoden in Frage, wobei das Minimum des Gütemaßes durch Iteration gefunden werden kann.

Im Hinblick auf die Anwendung der beschriebenen Verfahren ist zu sagen, daß sowohl die Bestimmung von Polnullstellenverteilungen gekoppelter und ungekoppelter Systeme als auch eine Parameteroptimierung bei beliebig vorgegebener Struktur möglich ist. Hierbei können grundsätzlich zwei Wege beschritten werden. Erstens ist die Ermittlung der Integrale als analytische Funktion der Kennwerte oder Wurzeln möglich. Zweitens erfolgt die Bestimmung dieser Werte unter Verwendung von Suchverfahren, wobei die Funktionale mit den dargelegten Algorithmen errechnet werden.

2. Systembeschreibung

Das allgemeine Konzept der Zustandsvariablen wurde zuerst in der klassischen Mechanik und in der Quantenmechanik zur Lösung von Differentialgleichungssystemen angewandt. <u>H.A. Aizermann</u> und <u>A.A. Feldbaum</u> übertrugen dieses Konzept auf die Regelungstechnik. Die moderne Regelungstheorie umfaßt das ganze Feld der Zustandsvariablen. Der innere Zustand eines Systems ist vollständig gekennzeichnet durch die Gesamtheit der Zustandsvariablen. Diese bilden die Komponenten des Zustandsvektors im Zustandsraum.

2.1 Die allgemeine Vektor-Matrix-Differentialgleichung

Ausgehend von Abb. 1 bezeichnen wir den Eingangsvektor mit

$$\underline{u} = (u_1, u_2, \ldots, u_r)^T$$

den Zustandsvektor mit

$$\underline{x} = (x_1, x_2, \ldots, x_n)^T$$

und den Ausgangsvektor mit

$$\underline{y} = (y_1, y_2, \ldots, y_m)^T$$

Der hochgestellte Index T bezeichnet einen transponierten Vektor, der durch Vertauschen von Zeilen und Spalten entsteht. Weiterhin wird im folgenden ein Vektor durch einen kleinen unterstrichenen lateinischen Buchstaben, die Komponenten dieses Vektors durch kleine lateinische Buchstaben mit Zahlenindex gekennzeichnet, wenn nicht ausdrücklich etwas anderes vermerkt wird. Matrizen werden durch große unterstrichene lateinische Buchstaben dargestellt.

Für lineare, zeitinvariante Übertragungssysteme gelten die allgemeinen Vektor-Matrix-Differentialgleichungen:

$$\underline{\dot{x}}(t) = \underline{A}\, x(t) + \underline{B}\, u(t) \tag{1}$$

$$\underline{\dot{y}}(t) = \underline{C}\, x(t) + \underline{D}\, u(t) \tag{2}$$

Hierin sind $\underline{A}$, $\underline{B}$, $\underline{C}$ und $\underline{D}$ die Systemmatrizen; die später interessierende Matrix $\underline{A}$ ist von der Form n x n. Den Gl. (1) und (2) entspricht das Blockschaltbild entsprechend Abb. 2.

Für die weitere Betrachtung interessiert uns insbesondere der Fall, daß $\underline{D}$ die Null- und $\underline{C}$ die Einheitsmatrix ist. Also

$$\underline{\dot{x}}(t) = \underline{A}\, x(t) + \underline{B}\, \underline{u}(t)$$

$$\underline{y}(t) = \underline{x}(t)$$

Als Ausgangsgleichung eines Eingrößensystems wird die phasenvariable Form der Vektor-Matrix-Differentialgleichung verwandt. Sind mehr als eine Regelgröße zu beachten, so wird für jede eine entsprechende Gleichung aufgestellt und somit das Gesamtsystem auf die oben angegebenen Beziehungen gebracht. Dieses Verfahren hat den Vorteil, daß beim Systementwurf der Zusammenhang zwischen den einzelnen Variablen in der Beschreibung nicht verlorengeht, was in vielen Fällen bei der Modifikation des Systems Vereinfachungen mit sich bringt. Die Bestimmung der Gütemaße wird damit zu einem formalen Algorithmus, der nach bekannten, immer gleichen Regeln abläuft.

Die phasenvariable Form wollen wir aus der allgemeinen Differentialgleichung eines Eingrößensystems

$$a_n x^{(n)} + a_{n-1} x^{(n-1)} + \ldots + a_1 \dot{x} + a_0 x$$

$$= b_m u^{(m)} + b_{m-1} u^{(m-1)} + \ldots + b_1 \dot{u} + b_0 u \tag{3}$$

mit

$$b_k = 0 \text{ für } k = 1, 2, \ldots, m$$

gewinnen. Unter diesen Voraussetzungen wird eine Übertragungsfunktion

$$F(p) = \frac{b_0}{a_n p^n + a_{n-1} p^{n-1} + \ldots + a_1 p + a_0} \tag{4}$$

erhalten.

An dieser Stelle wird also die Zählerdynamik, wie sie sich eigentlich aus Gl. (3) ergibt, nicht berücksichtigt. Diese kann jedoch durch die Einführung des Ausgangsvektors y und dessen passende Verknüpfung mit den Zustandsvariablen in der Synthese realisiert werden. Es reicht also auch für den allgemeinen Fall aus, wenn wir uns mit der Gl. (4) beschäftigen. Die der Übertragungsfunktion entsprechende Differentialgleichung lautet dann:

$$a_n x^{(n)} + a_{n-1} x^{(n-1)} + \ldots + a_1 x + a_0 x = b_0 u \tag{5}$$

Wir definieren als Zustandsvariable die skalare Ausgangsgröße x und deren zeitliche Ableitungen durch den Ansatz:

$$\underline{x} = (x_1, x_2, \ldots, x_n)^T = (x, \dot{x}, \ldots, x^{(n-1)})^T \tag{6}$$

Durch Gleichsetzen der Komponenten des Zustandsvektors gewinnen wir n lineare Differentialgleichungen erster Ordnung, die die Beziehungen unter den Zustandsvariablen ausdrücken.

$$x_1 = x$$

$$\dot{x}_1 = x_2 = \dot{x}$$

$$\dot{x}_2 = x_3 = \ddot{x}$$

$$\vdots$$

$$\dot{x}_i = x_{i+1} = x^{(i)}$$

$$\vdots$$

$$\dot{x}_{n-1} = x_n = x^{(n-1)}$$

$$\dot{x}_n = -\frac{a_0}{a_n} x_1 - \frac{a_1}{a_n} x_2 - \ldots - \frac{a_{n-1}}{a_n} x_n + \frac{b_0}{a_n} u = x^{(n)}$$

Dieses Differentialgleichungssystem läßt sich als Vektor-Matrix-Differentialgleichung schreiben:

$$\begin{bmatrix} \dot{x}_1 \\ \dot{x}_2 \\ \vdots \\ \dot{x}_n \end{bmatrix} = \begin{bmatrix} 0 & 1 & 0 & \ldots & 0 \\ 0 & 0 & 1 & \ldots & 0 \\ & & & & 1 \\ -\frac{a_0}{a_n} & -\frac{a_1}{a_n} & -\frac{a_2}{a_n} & \ldots & -\frac{a_{n-1}}{a_n} \end{bmatrix} \begin{bmatrix} x_1 \\ x_2 \\ \vdots \\ x_n \end{bmatrix} + \begin{bmatrix} 0 \\ 0 \\ \vdots \\ \frac{b_0}{a_n} \end{bmatrix} u$$

oder in Kurzschreibweise:

$$\underline{\dot{x}} = \underline{A}\,\underline{x} + \underline{b}\,u$$

$\underline{A}$ Matrix der Form n x n

u Skalar.

Die durch den speziellen Ansatz in der Gl. (6) gewonnene Matrix $\underline{A}$ wird phasenvariable Form, Normalform oder auch begleitende Matrix genannt. Die Umsetzung der Differentialgleichung (5) in Zustandsvariable liefert durch andere Ansätze andere Formen der Matrix $\underline{A}$; eine eindeutige Lösung existiert daher nicht. Wie wir im weiteren sehen werden, wird dieses Ergebnis auch durch lineare, nichtsinguläre Transformationen erzielt. Wir werden Standardformen der Matrix $\underline{A}$ ermitteln, die wir kanonische Matrizen nennen und deren jeweiliger Vorteil noch diskutiert werden wird. Der Übersichtlichkeit halber wollen wir jede kanonische Matrix und deren zugehörige Zustandsvariable besonders benennen. Für die phasenvariable Form der Matrix soll die Vektor-Matrix-Differentialgleichung lauten:

$$\underline{\dot{x}} = \underline{A}_n\,\underline{x} + \underline{b}\,u$$

$$y = \underline{c}^T\,\underline{x}$$

Hierbei ist

$$\underline{c} = (k_1, k_2, \ldots, k_n)^T$$

mit

$$k_i = \begin{cases} 0 & \text{für } i = 1, 2, \ldots, n-1 \\ \dfrac{b_o}{a_n} & \text{für } i = n \end{cases}$$

Alle im weiteren vorkommenden Matrizen und Vektoren haben mit den bislang benutzten Größen nichts gemeinsam. Diese waren vielmehr aus rein formalen Gründen eingeführt worden.

Betrachten wir die phasenvariable Form unter der Voraussetzung der Gl. (3), also mit Zählerdynamik, so ändert sich an den angegebenen Beziehungen nur $\underline{c}$. Es gilt dann:

$$k_i = \begin{cases} \dfrac{b_{i-1}}{a_n} & \text{für } i \leq m+1 \\ 0 & \text{für } i < m+1 \end{cases}$$

Bei einem System mit r Eingangsgrößen, n inneren Zuständen und m Ausgangsgrößen ist zu beachten, daß der Vektor $\underline{b}$ in die Matrix $\underline{B}$ der Form n x r, $\underline{c}^T$ in die Matrix $\underline{C}$ der Form m x n und y zum Vektor $\underline{y}$ der m Ausgangsgrößen wird.

2.2 Lineare Transformationen

Für die weitere Bearbeitung des Problems wird es notwendig sein, die Matrix $\underline{A}_n$ in ein anderes Darstellungssystem zu überführen.

Dies geschieht unter Verwendung der Transformationsbeziehung

$$\underline{x} = \underline{T}\,\underline{w}$$

wobei $\underline{w}$ von der gleichen Dimension wie $\underline{x}$ ist. Damit hat $\underline{T}$ die Form n x n.

Im Hinblick auf diese Transformationen ist zu klären, in welcher Weise die Eigenschaften, also z. B. die Eigenwerte, mittransformiert werden. Um hierüber weitere Auskünfte zu erhalten, gehen wir von der homogenen Differentialgleichung

$$\underline{\dot{x}} = \underline{A}_n\,\underline{x}$$

aus. Mit

$$\underline{x} = \underline{k}\,e^{pt}$$

folgt

$$p\,\underline{k}\,e^{pt} = \underline{A}_n\,\underline{k}\,e^{pt}$$

und hieraus unmittelbar

$$(p\underline{E} - \underline{A}_n)\,\underline{x} = 0 \qquad (\underline{E} = \text{Einheitsmatrix})$$

Diese Gleichung stellt ein Matrizen-Eigenwertproblem dar. Sie kann als homogenes Gleichungssystem dann und nur dann nicht triviale Lösungen $\underline{x} \neq 0$ besitzen, wenn die Bedingung

$$\det(p\underline{E} - \underline{A}_n) = \begin{vmatrix} p & -1 & 0 & \cdots & 0 \\ 0 & p & -1 & \cdots & 0 \\ \vdots & & & & \\ \dfrac{a_0}{a_n} & \dfrac{a_1}{a_n} & \dfrac{a_2}{a_n} & \cdots p + \dfrac{a_{n-1}}{a_n} \end{vmatrix} = 0$$

erfüllt ist. Die Bestimmung der Determinante führt auf die charakteristische Gleichung $f(p) = 0$. Dieses können wir folgendermaßen zeigen: Wir multiplizieren die 2. Spalte der Determinante mit p, die 3. Spalte mit p^2, allgemein die i-te Spalte mit p^{i-1} (i=2,...n) und addieren sie zur 1. Spalte. Diese erhält dann in den ersten (n-1) Elementen nur Nullen, das n-te Element aber ist dann $f(p)/a_n$

$$\det(p\underline{E} - A_n) = \begin{vmatrix} 0 & -1 & 0 & \cdots & 0 \\ 0 & p & -1 & \cdots & 0 \\ \vdots & & & & \\ \dfrac{f(p)}{a_n} & \dfrac{a_1}{a_n} & \dfrac{a_2}{a_n} & \cdots p + \dfrac{a_{n-1}}{a_n} \end{vmatrix}$$

$$= (-1)^{n+1} \frac{f(p)}{a_n} (-1)^{n-1} = \frac{f(p)}{a_n} = 0$$

Die zu $\frac{f(p)}{a_n}$ gehörende Adjunkte liefert nämlich bei Entwicklung nach der ersten Zeile $(-1)^{n-1}$. Lösungen p_i von $\det(p\underline{E}-\underline{A}_n) = 0$ nennen wir wieder Eigenwerte, den zu einem Lösungswert p_i gehörenden Vektor bezeichnen wir als Eigenvektor.

Aus der Homogenen zu Gl. (3) ergibt sich

$$f(p) = a_n p^n + a_{n-1} p^{n-1} + \ldots + a_o$$

die wir hier zur abgekürzten Betrachtung der Zusammenhänge eingeführt haben.

Unter Verwendung der Ähnlichkeitstransformation

$$\underline{x} = \underline{T}\,\underline{w}$$

folgt für einen beliebigen durch

$$\underline{\dot{x}} = \underline{A}\,\underline{x}$$

beschriebenen Prozeß:

$$\underline{T}\,\underline{\dot{w}} = \underline{A}\,\underline{T}\,\underline{w}$$

Ist $\underline{T}$ nichtsingulär, was wir im weiteren immer voraussetzen wollen, so gilt

$$\underline{\dot{w}} = \underline{T}^{-1}\,A\,T\,\underline{w}$$

Somit wird jetzt

$$f(p) = \det(p\underline{E} - \underline{T}^{-1}\,\underline{A}\,\underline{T}) = 0$$

Mit dieser Beziehung läßt sich sehr einfach zeigen, daß das System in seinen Eigenschaften, nämlich den Eigenwerten, nicht geändert wird.

Es ist nämlich

$$f(p) = \det(p\underline{T}^{-1}\,\underline{E}\,\underline{T} - \underline{T}^{-1}\,\underline{A}\,\underline{T})$$

$$= \det(\underline{T}^{-1}) \cdot \det(p\underline{E} - \underline{A}) \cdot \det(\underline{T})$$

$$= \det(\underline{T}^{-1}\,\underline{T}) \cdot f(p) = f(p)$$

aufgrund des Determinantenmultiplikationssatzes. Hieraus folgt, wie bereits weiter oben angedeutet:

Die Eigenwerte eines allgemeinen Systems bleiben bei einer linearen, nichtsingulären Transformation erhalten.

Dies wiederum heißt, daß das System im Koordinatensystem $\underline{x}$ die gleiche Fundamentallösung hat wie jenes in $\underline{w}$, wobei sich beide durch Konstanten unterscheiden. Für die Anwendung gilt somit folgerichtig:

> Analyse und Synthese verschiedener Systeme liefern die gleichen Ergebnisse, wenn die Systeme durch lineare, nichtsinguläre Transformationen auseinander hervorgehen.

2.2.1 Transformation in phasenvariable Form

Gegeben sei ein beliebiges System, welches unter Verwendung von Gl. (1) im Zustandsraum beschreibbar ist. Hierzu wird die phasenvariable Form und somit im speziellen die Matrix $\underline{A}_n$ gesucht.

Für ein technisches System bedeutet die Bestimmung der allgemeinen Matrix im allgemeinen zunächst einmal die Darstellung der einzelnen Variablen entweder in einer beliebigen Matrizen-Differentialgleichung 1. Ordnung oder jeweils in phasenvariabler Form. Hiernach werden die Komponenten der einzelnen Systemvektoren in einen neuen Vektor $\underline{z}$ eingetragen, wobei die Reihenfolge innerhalb der Systeme ohne jede Bedeutung ist. Geht man, wie angedeutet, bei den Einzelsystemen von der phasenvariablen Darstellung aus und sind solche Matrizengleichungen notwendig, so wird eine allgemeine Matrix $\underline{A}$ erhalten, die aus k Gruppen jeweils n phasenvariabler Form aufgebaut ist. Es ist an dieser Stelle hinzuzufügen, daß die Ermittlung von $\underline{A}$ für jedes System äußerst einfach ist. Vorauszusetzen ist hierbei, wie bei jedem anderen Syntheseverfahren für lineare Systeme, die Kenntnis der beschreibenden Parameter, was gleichbedeutend mit der Differentialgleichung ist.

Wie bereits weiter oben ausgeführt, ist die Reihenfolge in $\underline{z}$ ohne Bedeutung für das Verfahren. Für den entwerfenden Ingenieur bedeutet dies die Möglichkeit, eine Aufteilung zu wählen, die seinen Entwurfsüberlegungen am nächsten kommt. Die Reihenfolge der Variablen kann bei einer Systemänderung z. B. durch Einfügen weiterer Strecken entweder neu festgelegt oder durch Hinzufügen in $\underline{z}$ Berücksichtigung finden.

Es gelte allgemein

$$\underline{\dot{z}} = \underline{A}\,\underline{z} + \underline{B}\,\underline{u}$$

sowie für die Meß- oder Ausgangsgrößen

$$\underline{y} = \underline{C}\,\underline{z}$$

Die Anzahl der Komponenten n in $\underline{z}$ ist nach dem oben beschriebenen Verfahren gleich der Summe der Ordnungen sämtlicher Einzelsysteme, die im Prozeß behandelt werden sollen. Im Hinblick auf die Formen von $\underline{A}$, $\underline{B}$ und $\underline{C}$ gelten die Aussagen, wie sie oben für die Gl. (1) und (2) gemacht wurden.

Schließlich sei noch auf eine Voraussetzung hingewiesen [5]. Wir wollen annehmen, daß das allgemeine System vollständig steuerbar ist. Demgemäß ist der Rang der Matrix

$$(\underline{B},\ \underline{A}\,\underline{B},\ \underline{A}^2\underline{B},\ldots,\underline{A}^{n-1}\underline{B})$$

genau gleich n.

Gehen wir von der allgemeinen Systembeschreibung aus, so möge der Zusammenhang

$$x_1 = z_k \qquad k = 1,2,\ldots,n \qquad (7)$$

gelten. Die hier mit definierte Transformationsmatrix sei mit $^k\underline{T}$ und ihre Elemente $^kT_{ij}$ bezeichnet. Der Zustandsvektor $\underline{x}$ der phasenvariablen Darstellung ist dann gemäß Gl. (6) wiederum

$$\underline{x} = (x_1, x_2, \ldots, x_n)^T$$

oder

$$\underline{x} = (x_1, \dot{x}_1, \ldots, x_1^{(n-1)})^T$$

Damit wird

$$\underline{x} = (z_k, \dot{z}_k, \ldots, z_k^{(n-1)})^T$$

Ist $^k\underline{t}_j$ der j-te Zeilenvektor von $^k\underline{T}$, so folgt mit

$$\underline{x} = {}^k\underline{T}\,\underline{z}$$

oder ausführlich

$$\begin{bmatrix} x_1 \\ x_2 \\ \vdots \\ x_n \end{bmatrix} = \begin{bmatrix} {}^kT_{11} & \cdots\cdots\cdots & {}^kT_{1n} \\ {}^kT_{21} & & {}^kT_{2n} \\ \vdots & & \vdots \\ {}^kT_{n1} & \cdots\cdots\cdots & {}^kT_{nn} \end{bmatrix} \begin{bmatrix} z_1 \\ z_2 \\ \vdots \\ z_n \end{bmatrix}$$

$$= \begin{bmatrix} z_k \\ \dot{z}_k \\ \vdots \\ z_k^{(n-1)} \end{bmatrix}$$

unmittelbar aus der ersten Zeile und Gl. (7)

$$^k\underline{t}_1 = (0 \ldots 0\ 1\ 0 \ldots 0)^T$$

da alle Elemente bis auf das k-te verschwinden müssen.

Aus der allgemeinen Matrizendifferentialgleichung folgt für die k-te Ableitung aus der k-ten Zeile

$$\dot{z}_k = \sum_{i=1}^{n} A_{ki} z_i$$

und hiermit unmittelbar

$$\dot{z}_k = \sum_{i=1}^{n} {}^kT_{2i} z_i$$

wie die ausführliche Darstellung der Transformationsbeziehung zeigt. Durch Koeffizientenvergleich folgt hieraus die 2. Zeile von ${}^k\underline{T}$, nämlich

$${}^k\underline{t}_2 = ({}^kT_{21}, {}^kT_{22}, \ldots, {}^kT_{2n})$$

$$= (A_{21}, A_{22}, \ldots, A_{2n})$$

Die beiden ersten Zeilen der Matrix ${}^k\underline{T}$ können sehr leicht angegeben werden. Die folgenden Zeilen werden nach einem Rekursionsverfahren gebildet, das jetzt genauer betrachtet werden soll.

Es war

$$z_k^{(j-1)} = {}^kT_{j1} z_1 + {}^kT_{j2} z_2 + \ldots + {}^kT_{jn} z_n$$

Wird diese Gleichung einmal nach der Zeit differenziert, so können wir schreiben:

$$z_k^{(j)} = {}^kT_{j1} \dot{z}_1 + {}^kT_{j2} + \ldots + {}^kT_{jn} \dot{z}_n$$

$$= \sum_{i=1}^{n} {}^kT_{ji} \dot{z}_i$$

Wegen

$$\dot{z}_j = \sum_{i=1}^{n} A_{ji} z_i$$

folgt durch Einsetzen:

$$z_k^{(j)} = \sum_{i=1}^{n} {}^kT_{ji} (A_{i1} z_1 + A_{i2} z_2 + \ldots + A_{in} z_n)$$

$$= ({}^k\underline{t}_j \underline{a}_1) z_1 + ({}^k\underline{t}_j \underline{a}_2) z_2 + \ldots + ({}^k\underline{t}_j \underline{a}_n) z_n$$

wenn $\underline{a}_i$ den i-ten Spaltenvektor der Matrix A kennzeichnet. Demnach gilt für $\underline{A}$:

$$\underline{A} = (\underline{a}_1, \underline{a}_2, \ldots, \underline{a}_n)$$

$(^k\underline{t}_j \underline{a}_i)$ ist das skalare Produkt des j-ten Zeilenvektors von $^k\underline{T}$ mit dem i-ten Spaltenvektor von $\underline{A}$.

Hieraus folgt also, daß $^k\underline{t}_{j+1}$ mit Hilfe von $^k\underline{t}_j$ rekursiv gebildet werden kann. Es gilt nämlich

$$^k\underline{t}_{j+1} = (^k\underline{t}_j \, \underline{a}_1, \, ^k\underline{t}_j \, \underline{a}_2, \ldots, ^k\underline{t}_j \, \underline{a}_n) \tag{8}$$

für j ⩾ 2. Also sind die Elemente der dritten Zeile Skalarprodukte der 2. Zeile von $^k\underline{T}$ mit allen Spaltenvektoren von $\underline{A}$ und so fort.

Es wurde somit ein Algorithmus gefunden, mit dessen Hilfe eine allgemeine Matrix $\underline{A}$ unter der Voraussetzung $x_1 = z_k$ in eine andere Matrix überführt werden kann. Dieser Ansatz, der die k-te Zustandsvariable von $\underline{z}$ der ersten von $\underline{x}$ gleichsetzt, kann mit k = 1,2..n fortgesetzt werden. Ist etwa die lineare Transformation

$$x_1 = \sum_{k=1}^{n} \alpha_k z_k$$

zu bilden, so ergibt sich aus den Ausführungen ohne neue Rechnung:

$$\underline{T} = \sum_{k=1}^{n} \alpha_k \, ^k\underline{T}$$

also eine Transformationsmatrix bei der beliebig wählbare Systemvariable einschließlich einer Gewichtung in $\underline{T}$ enthalten sind. Daß hierbei nur die erste Komponente von $\underline{x}$, der phasenvariablen Form, eine Rolle spielt, ist zunächst ohne jede Bedeutung. Wie sich weiter unten zeigen wird, sind im Hinblick auf die Auswertung von Gütemaßen hiermit deswegen wesentliche Vorteile verbunden, da gerade x_1 hierbei eine bedeutende Rolle spielt. Von ebensolcher Tragweite ist weiterhin die Tatsache, daß für ein allgemeines System, das in beliebiger Form durch seine Zustandsvariablen mathematisch beschrieben wird, eine Gewichtung einzelner Variabler vorgenommen werden kann. Bezüglich des globalen Optimums eines technischen Prozesses heißt dies wiederum, daß bereits bei der Bestimmung von $\underline{T}$ jene Größen eingeschlossen werden, auf die sich das Optimum beziehen soll. Es wird somit an dieser Stelle deutlich, warum für $\underline{A}$ jede beliebige Kombination von Zustandsvariablen zulässig war. Dies folgt schon alleine aus der Gewichtungsmöglichkeit durch α_k. Andererseits aber auch aus dem Tatbestand, daß durch $x_i = z_k$ keine unmittelbare Reihenfolge für z_i festgelegt werden mußte.

2.2.2 Die Schwarz-kanonische Matrix

Bei der Stabilitätsuntersuchung eines Übertragungssystems besteht die grundsätzliche Möglichkeit, aus $\det(p\underline{E}-\underline{A}) = 0$ die charakteristische Gleichung zu entwickeln und dann mit dem Routh'schen Algorithmus oder mit Hurwitz-Determinanten zu arbeiten. Dieser Weg ist bei der Schwarz-kanonischen Matrix jedoch nicht nötig, da ihre Elemente allein schon die Stabilitätsfrage zu beantworten vermögen. Wir nutzen im folgenden nur die Tatsache aus, daß die Schwarz-kanonische Matrix zur Erzeugung von Ljapunow-Funktionen geeignet ist, wie sie später benötigt werden.

Mit Hilfe des Wall'schen Kettenbruchkriteriums kann man das folgende Stabilitätskriterium für Matrizen beweisen [6,7]:

Wenn man eine Matrix $\underline{A}$ mit den reellen Elementen A_{ik} auf die Form

$$\underline{S} = \begin{bmatrix} 0 & s_{12} & 0 & \dots\dots\dots\dots\dots & 0 \\ -1 & 0 & s_{23} & 0 & \dots\dots\dots & 0 \\ 0 & -1 & 0 & s_{34} & 0 & \dots\dots & 0 \\ \vdots & & & & & & \vdots \\ 0 & \dots\dots\dots\dots & 0 & -1 & 0 & s_{n-1\,n} \\ 0 & \dots\dots\dots\dots\dots & 0 & -1 & s_{nn} \end{bmatrix}$$

transformiert, ist die Zahl der positiven Glieder in der Folge

$$s_{nn},\ s_{nn} \cdot s_{n-1\,n} \cdot s_{n-2\,n-1}, \dots$$

$$\dots, s_{nn} \cdot s_{n-1\,n} \cdot \dots \cdot s_{23} \cdot s_{12}$$

gleich der Anzahl der Eigenwerte von $\underline{A}$ mit positivem Realteil. Für den interessierenden Stabilitätsfall kann man speziell aussagen, daß alle Eigenwerte dann negativen Realteil haben, wenn die Elemente $s_{12},\ s_{23},\dots,s_{n-1\,n}$ positiv sind und s_{nn} negativ ist. Das zu der Matrix $\underline{S}$ gehörende charakteristische Polynom $\det(p\underline{E}-\underline{S}) = 0$ wird rekursiv bestimmt. Beginnend mit

$$f_{-1}(p) = 0$$

und

$$f_0(p) = 1$$

berechnet man

$$f_{k+1}(p) = p\, f_k(p) + s_{k,k+1}\, f_{k-1}(p) \qquad k = 0,1,2$$

Dann ist

$$f(p) = f_n(p) + (-1)^{n-1} s_{nn}\, f_{n-1}$$

In der angloamerikanischen Literatur schreibt man die Schwarz'sche Matrix in folgender Form:

$$\underline{S} = \begin{bmatrix} 0 & 1 & 0 & \cdots\cdots\cdots\cdots\cdots & 0 \\ -s_n & 0 & 1 & 0 & \cdots\cdots\cdots\cdots & 0 \\ 0 & -s_{n-1} & 0 & 1 & 0 & \cdots\cdots\cdots & 0 \\ \vdots & & & & & & \vdots \\ 0 & \cdots\cdots\cdots & & & & & 0 \\ 0 & \cdots\cdots\cdots & & & & & 1 \\ 0 & \cdots\cdots\cdots\cdots\cdots\cdots & & 0 & -s_2 & -s_1 \end{bmatrix}$$

Die Matrix $\underline{S}$ ergibt sich offensichtlich aus der Originalmatrix $\underline{S}^*$, indem man den Faktor (-1) herauszieht, (-1) $\underline{S}^*$ transportiert und den Elementen neue Indizes gibt.

Zunächst ist festzuhalten, daß es sich bei der hier gewählten Darstellung um einen reinen Formalismus handelt, der sozusagen aus Kenntnis der inneren Eigenschaften von $\underline{S}$ angeschrieben werden kann. Eine Aussage, bzw. ein Zusammenhang zum physikalischen System fehlt bislang vollständig. Da aber aufgrund der Stabilitätsaussage eine Verknüpfung zu den Koeffizienten der Routh'schen Bereiche oder den Hurwitz-Determinanten vorhanden sein muß, wird hiermit auch eine Verbindung zum betrachteten System hergestellt.

Wenn wir eine Beziehung zwischen den Elementen der Schwarz-Matrix und den Koeffizienten a_k des ursprünglichen charakteristischen Polynoms suchen, stellen wir die Forderung, daß beide charakteristischen Polynome gleich sind:

$$a_n p^n + a_{n-1} p^{n-1} + \ldots + a_1 p + a_0 = \det(p\underline{E} - \underline{S}) = 0$$

Betrachten wir zur Gegenüberstellung und Verknüpfung von s_i mit a_i zunächst den Routh'schen Algorithmus zur Stabilitätsuntersuchung. Dieser wurde entwickelt aus Überlegungen über die Lage der Wurzeln in der komplexen Ebene und unter Anwendung der <u>Sturm'schen Kette</u>, in der durch fortgesetzte Division aus dem Originalpolynom eine Folge von Polynomen fallender Ordnung gebildet wird. Die Anzahl der Nullstellen des Polynoms in einem Intervall (a,b) ist dann gleich der Differenz der Zeichenwechsel der Sturm'schen Kette an den Grenzen des Intervalls [8]. Nach dem Routh'schen Verfahren geht man folgendermaßen vor: Man ordnet zunächst die Koeffizienten des charakteristischen Polynoms in einem zweizeiligen Schema an:

<u>Fall 1:</u> n gerade (n = 2m)

$$\begin{array}{cccccc} a_n & a_{n-2} & a_{n-4} & \cdots\cdots\cdots & a_0 \\ a_{n-1} & a_{n-3} & a_{n-5} & \cdots\cdots\cdots & a_1 \end{array}$$

__Fall 2:__ n ungerade (n = 2m+1)

$$a_n \quad a_{n-2} \quad a_{n-4} \quad \ldots\ldots\ldots \quad a_1$$

$$a_{n-1} \quad a_{n-3} \quad a_{n-5} \quad \ldots\ldots\ldots \quad a_0$$

In beiden Fällen bildet man die Differenz der ersten und zweiten Zeile, nachdem die Koeffizienten der letzteren so mit einem passenden Faktor multipliziert worden sind, daß die erste Differenz Null wird. Zeile 2 wäre also mit dem Faktor ($a_n : a_{n-1}$) zu multiplizieren. Aus den Differenzen ergibt sich die dritte Zeile, wenn man die erste Null streicht und alle Differenzen um eine Spalte nach links rückt. Sukzessiv wird das Verfahren auf die jetzt unmultiplizierte 2. Zeile und die multiplizierte 3. Zeile angewandt, woraus sich dann die vierte Zeile durch Differenzbildung ergibt. Wir erhalten so ein Schema von (n+1) Zeilen. Wie wir leicht nachprüfen können, gilt für die beiden ersten Zeilen das allgemeine Bildungsgesetz [9]

__Fall 1:__ n gerade (n = 2m)

1. Reihe: $c_{1j} = a_{n-2(j-1)}$ $1 \leqslant j \leqslant m+1$

           $c_{ij} = 0$ $j > m+1$

2. Reihe: $c_{2j} = a_{n-2j-1}$ $0 \leqslant j \leqslant m$

           $c_{2j} = 0$ $j > m$

__Fall 2:__ n ungerade (n = 2m+1)

1. Reihe: $c_{1j} = a_{n-2(j-1)}$ $1 \leqslant j \leqslant m+1$

           $c_{1j} = 0$ $j > m+1$

2. Reihe: $c_{2j} = a_{n-2j-1}$ $0 \leqslant j \leqslant m$

           $c_{2j} = 0$ $j > m$

Hierbei sind a_i wiederum die Koeffizienten der Differentialgleichung.

Das rekursive Bildungsgesetz für die folgenden Zeilen läßt sich in beiden Fällen schreiben:

$$c_{ij} = c_{i-1\ j+1} - \frac{c_{i-2\ 1} \cdot c_{i-1\ j+1}}{c_{i-1\ 1}} \qquad \begin{array}{l} i = 3,4,5,\ldots,n+1 \\ j = 1,2,3,\ldots \end{array}$$

Das Routh'sche Kriterium sagt nun aus: Alle Elemente der ersten Spalte des Routh'schen Schemas müssen von Null verschieden sein und dasselbe Vorzeichen besitzen, damit die Wurzeln eines Polynoms mit reelen Koeffizienten negative Realteile haben [10].

Da sowohl das Verfahren nach Routh als auch nach Hurwitz zur Stabilitätsprüfung und damit im Vergleich zu $\underline{S}$ in Betracht kommen, sei kurz auf die Zusammenhänge zwischen $\overline{a}_i$ und den Determinanten nach Hurwitz eingegangen.

Nach dem Hurwitz'schen Stabilitätskriterium werden aus den Koeffizienten des charakteristischen Polynoms n Determinanten gebildet, und zwar in folgender Weise:

$$\Delta_1 = a_{n-1}$$

$$\Delta_2 = \begin{vmatrix} a_{n-1} & a_n \\ a_{n-3} & a_{n-2} \end{vmatrix}$$

Allgemein:

$$\Delta_r = \begin{vmatrix} a_{n-1} & a_n & 0 & 0 & \cdots & 0 \\ a_{n-3} & a_{n-2} & a_{n-1} & a_n & 0 & \cdots & 0 \\ a_{n-5} & a_{n-4} & a_{n-3} & a_{n-2} & \cdots & 0 \\ \vdots & & & & & \\ a_{n-2r+1} & a_{n-2r+2} & a_{n-2r+3} & \cdots & & a_{n-r} \end{vmatrix}$$

Hierbei werden jene Elemente zu Null gesetzt, deren Index im charakteristischen Polynom nicht vorhanden ist. Die Determinante Δ_r hat r Zeilen und r Spalten. Nach Hurwitz müssen alle Determinanten positiv sein, damit Stabilität vorliegt, also

$$\Delta_r > 0 \quad \text{mit } r = 1, 2, \ldots, n$$

Polynome, die diese Bedingung erfüllen, nennt man Hurwitz-Polynome.

Unter einer Hurwitz-Matrix $\underline{H}$ versteht man diejenige n x n Matrix, aus der man die Determinante Δ_n und die Hauptabschnittsdeterminanten Δ_r gewinnt:

$$\underline{H} = \begin{bmatrix} a_{n-1} & a_{n-3} & a_{n-5} & \cdots \\ a_n & a_{n-2} & a_{n-4} & \cdots \\ 0 & a_{n-1} & a_{n-3} & \cdots \\ \vdots & \vdots & \vdots & \\ 0 & 0 & 0 & \cdots \end{bmatrix}$$

Man kann nun zeigen, daß durch Transformationen diese Matrix in eine aus den Routh'schen Elementen gebildete Matrix $\underline{R}$ überführt werden kann. Diese erhalten wir aus dem Routh'schen Schema durch Weglassen der 1. Zeile, Verschieben der Zeilen nach rechts so, daß ihre ersten Elemente Hauptdiagonalelemente der Matrix bilden und Ergänzen des Schemas durch Nullen zur n x n Matrix [10]. Also:

$$\underline{R} = \begin{bmatrix} c_{21} & c_{22} & c_{23} & \cdots \\ 0 & c_{31} & c_{32} & \cdots \\ 0 & 0 & c_{41} & \cdots \\ \cdot & \cdot & \cdot & \\ \cdot & \cdot & \cdot & \\ \cdot & \cdot & \cdot & \\ 0 & 0 & 0 & \end{bmatrix}$$

Es ist wichtig für uns, daß wir dadurch zwischen den Routh'schen Elementen und den Hurwitz'schen Determinanten folgende Beziehung herstellen können:

$$a_n = c_{11} \; ; \; \Delta_1 = c_{21}$$

$$\frac{\Delta_2}{\Delta_1} = c_{31}$$

oder allgemein:

$$\frac{\Delta_{i-1}}{\Delta_{i-2}} = c_{i1} \qquad i = 3,4,\ldots,n+1$$

Entwickeln wir

$$\det(p\underline{E}-\underline{S}) = 0,$$

wie oben gezeigt, rekursiv, so wird eine Folge von Polynomen mit wachsenden Potenzen in p erhalten. Umgekehrt haben wir bei dem entsprechenden Routh-Bereich eine Folge von Polynomen mit fallenden Potenzen von p. Durch Vergleich der beiden Folgen finden wir für die erste Spalte des Routh'schen Bereichs die Beziehungen [9]:

$$c_{11} = a_n$$
$$c_{21} = s_1$$
$$c_{31} = s_2$$
$$c_{41} = s_1 s_3$$
$$c_{51} = s_2 s_4$$
$$c_{61} = s_1 s_3 s_5$$
$$c_{71} = s_2 s_4 s_6$$
$$\cdots\cdots\cdots\cdots$$

Das letzte, (n+1)te Element, endet mit s_n. Wir hatten andererseits für die Routh'schen Bereiche und die Hurwitz-Determinanten

$c_{11} = a_n$

$c_{21} = \Delta_1$

.
.
.
.

$c_{i1} = \dfrac{\Delta_{i-1}}{\Delta_{i-2}}$ $i = 3,4,\ldots,n+1$

abgeleitet.

Wir eliminieren c_{i1} durch Gleichsetzen und erhalten:

$s_1 = \Delta_1$

$s_2 = \dfrac{\Delta_2}{\Delta_1}$

$s_3 = \dfrac{\Delta_3}{\Delta_1 \Delta_2}$

Für $i \geqslant 4$ ergibt sich für das allgemeine Element s_i:

$s_i = \dfrac{\Delta_{i-3} \Delta_i}{\Delta_{i-2} \Delta_{i-1}}$ $i = 4,5,\ldots,n$

Mit Hilfe dieser Beziehungen gelingt es, aus der letzten Zeile der Matrix der phasenvariablen Form, die bis auf das Vorzeichen die Koeffizienten des charakteristischen Polynoms enthält, unter Verwendung der Hurwitz-Determinanten die Elemente der Schwarz'schen Matrix zu bestimmen. Es ist sehr wichtig festzuhalten, daß hierbei gleichzeitig eine Stabilitätsuntersuchung durchgeführt werden kann. Ist das System stabil, so sind sämtliche s_i positiv. Dieser Tatbestand wird im weiteren von Bedeutung sein, worauf bereits an dieser Stelle verwiesen werden muß.

Wie bei der Transformation zwischen der phasenvariablen und der allgemeinen Form, so interessiert auch hier, in welcher Weise die Koordinatensysteme ineinander überführt werden können. Zu suchen ist also der Zusammenhang

$\underline{s} = \underline{G}\,\underline{x}$

Setzen wir entsprechend Gl. (7)

$s_1 = x_1$

so zeigt sich für

$$\underline{x} = \underline{G}^{-1}\,\underline{s}$$

daß hier der gleiche Zusammenhang, jetzt allerdings für die reziproke Matrix, wie weiter oben existieren muß. Wir können unter Anwendung der ausgeführten Ableitung auch $\underline{G}^{-1}$ den gleichen Algorithmus anwenden, wobei $\underline{A}$ nunmehr durch $\underline{\bar{S}}$ zu ersetzen ist.

Zunächst einmal zeigt sich, daß $\underline{G}^{-1}$ eine untere Dreiecksmatrix ist [10]. Ist $\underline{s}_i$ der i-te Spaltenvektor von $\underline{S}$ und $\underline{E}$ wiederum die Einheitsmatrix, so gilt:

$$\underline{G}^{-1} = \begin{bmatrix} \underline{E} & & 0 & & \\ \hline & \underline{E} & 0 & & \\ \underline{s}_1 & \underline{s}_2 & & & \\ & & & \underline{E} & 0 \\ & & & \underline{s}_j & \underline{E} \end{bmatrix}$$

Von der oberen linken Ecke beginnend ist jede Matrix $\underline{E}$ von der Form 2 x 2, in der rechten unteren Ecke für gerades n eine 2 x 2 und für ungerades n eine 1 x 1 Matrix.

Der Index j ist für gerades n:

$$j = \frac{n}{2} - 1$$

und für ungerades n:

$$j = \frac{n-1}{2}$$

Durch diese Aufteilung können wir aus $\underline{G}^{-1}$ die hierzu inverse Matrix $\underline{G}$ durch ein einfaches Rekursionsverfahren bestimmen.

Wenn $\underline{G}^{-1}$ durch die Beziehungen

$$\underline{G}^{-1} = \begin{bmatrix} \underline{E} & 0 \\ \hline \underline{s}_1 & \underline{F}_1 \end{bmatrix}$$

mit

$$\underline{F}_1 = \begin{bmatrix} \underline{E} & 0 \\ \hline \underline{s}_2 & \underline{F}_2 \end{bmatrix}$$
.
.
.
$$\underline{F}_{j-1} = \begin{bmatrix} \underline{E} & 0 \\ \hline \underline{s}_j & \underline{E} \end{bmatrix}$$

beschrieben wird, gilt nach [11]:

$$\underline{G} = \left[\begin{array}{c|c} \underline{E} & 0 \\ \hline -\underline{F}_1^{-1}\underline{s}_1 & \underline{E} \end{array} \right]$$

$$\underline{F}_1^{-1} = \left[\begin{array}{c|c} \underline{E} & 0 \\ \hline -\underline{F}_2^{-1}\underline{s}_2 & \underline{E} \end{array} \right]$$

$$\underline{F}_j^{-1} = \left[\begin{array}{c|c} \underline{E} & 0 \\ \hline -\underline{s}_j & \underline{E} \end{array} \right]$$

Beginnend mit $\underline{F}_j^{-1}$, wie oben $\underline{F}_{j-1}$, können wir durch eine Serie von Matrizenmultiplikationen die Matrix $\underline{G}$ berechnen. Auch hier ist festzuhalten, daß die Bestimmung der entsprechenden Matrizen durch einfache Algorithmen geschieht. Diese Feststellung ist aus folgenden Gründen von Bedeutung:

Bei der Ermittlung optimaler Pol-Nullstellenverteilungen müssen die unbekannten Koeffizienten im Integranden des Gütemaßes vorkommen; eine iterative Bestimmung mit allgemeinen Variablen ist allgemein nicht durchführbar.

Darüber hinaus muß außerdem noch festgehalten werden, daß auch der Umweg über ein lineares Gleichungssystem, wie das bei einigen Optimierungsverfahren geschieht, hier keine unmittelbare Vereinfachung liefert. Alle bislang angegebenen Algorithmen basieren im wesentlichen auf Vektor- und Matrizenmultiplikationen.

Als letztes betrachten wir die Routh'sche Darstellung, welche bei der Berechnung von Gütemaßen eine bedeutende Rolle spielt. Sie sei durch die Beziehung

$$\underline{\dot{r}} = \underline{R}\,\underline{r}$$

gegeben mit

$$\underline{R} = \begin{bmatrix} b_1 & b_2^{1/2} & 0 & \ldots\ldots\ldots\ldots & 0 \\ -b_2^{1/2} & 0 & b_3^{1/2} & 0 & \ldots\ldots & 0 \\ 0 & -b_3^{1/2} & 0 & b_4^{1/2} & \ldots & 0 \\ 0 & \ldots\ldots & & & & \\ 0 & \ldots\ldots\ldots & -b_{n-1}^{1/2} & 0 & & b_n^{1/2} \\ 0 & \ldots\ldots\ldots\ldots\ldots & & -b_n^{1/2} & & 0 \end{bmatrix}$$

Die Elemente b_k der Matrix $\underline{R}$ sind die der Schwarz'schen Matrix, wenn wir s durch b ersetzen, und können, wie oben gezeigt, gebildet werden.

Wir interessieren uns jetzt wieder für eine geeignete Transformationsmatrix $\underline{Q}$, die das phasenvariable in das Routh'sche System überführt.

Es gelte die Beziehung

$$\underline{r} = \underline{Q}\,\underline{x}$$

Wie im vorhergehenden Abschnitt, gehört auch hier die Matrix $\underline{Q}^{-1}$ zu der Klasse der Matrizen $^k\underline{T}$ und kann nach den gleichen Methoden gebildet werden.

Wie bei $^k\underline{T}$ und $\underline{G}$, so benötigen wir auch hier wieder einen speziellen Ansatz, nämlich

$$r_1 = x_1$$

um den Bildungsformalismus anwenden zu können.

Wie $\underline{G}$, so ist $\underline{Q}$ ebenfalls eine untere Dreiecksmatrix für deren Elemente nach [12]

$$Q_{11} = 1$$

$$Q_{21} = \frac{b_1}{b_2^{1/2}} \qquad Q_{22} = \frac{1}{b_2^{1/2}}$$

für

$$i > k \qquad i = 3,4,\ldots,n$$
$$k = 1,2,\ldots,n$$

und mit $Q_{i-1} = 0$

$$Q_{ik} = \frac{1}{b_i^{1/2}} Q_{i-1\ k-1} + \frac{b_{i-1}^{1/2}}{b_i^{1/2}} Q_{i-2\ k}$$

Im Vergleich zu $\underline{G}$ und $^k\underline{T}$ zeigt sich hier ebenfalls, daß die Elemente von $\underline{Q}$ mit elementaren Methoden bestimmt werden. Diese Algorithmen lassen sich auf einfache Weise mit jeder Datenverarbeitungsanlage auswerten, insbesondere dann, wenn ein System mit festen Parametern vorgegeben ist. Bei variablen Parametern ist, wie bereits oben vermerkt, die Auswertung zwar nicht automatisch, aber mit normalen algebraischen Operationen durchführbar.

2.3. Zusammenstellung

Ein physikalisches System, welches unter Verwendung von Zustandsvariablen in phasenvariabler Form beschrieben wird, kann sowohl als homogene als auch als inhomogene Matrizen-Differentialgleichung angeschrieben werden. Ist

$$\underline{\dot{x}} = \underline{A}_n \underline{x}$$

die homogene Differentialgleichung, so wird aus Gl. (3) im Gegensatz zu Gl. (1) eine spezielle Form der Anfangswerte von $\underline{x}$ erhalten. Es gilt

$$x_i(0) = b_{m-i} - \sum_{j=1}^{i-1} a_{m-j} x_{i-j}(0) \quad \text{für } i \geq 2$$

und

$$x_i(0) = b_{m-1}$$

Ausgangspunkt dieser Zusammenhänge ist entweder die Differentialgleichung des Einzelsystems oder die zugeordnete Übertragungsfunktion. Aus diesem Grund können alle anderen Beschreibungsformen ebenfalls homogen angenommen werden. Zu bedenken ist allerdings, was unter Umständen als Einschränkung angesehen werden kann, daß die Eingangsgrößen des Systems bekannt und Laplace-transformierbar sein müssen. Gerade dieser Nachteil der Übertragungsfunktionen wird bei der Darstellung mittels Zustandsvariablen umgangen, wobei im Zeitbereich eine analytische Lösung für beliebige x(t) angegeben werden kann.

Betrachtet man also alle Teilsysteme in Form homogener Matrizendifferentialgleichungen, so ist auch die allgemeine Form

$$\underline{\dot{z}} = \underline{A} \, \underline{z}$$

homogen, wobei unter Umständen die inneren Variablen $\underline{z}$ auf die Ausgangsgrößen $\underline{y}$ umzurechnen sind. Zwischen $\underline{A}$ und $\underline{A}_n$ des zugeordneten phasenvariablen Systems existiert, wie in Abschnitt 2.2.1 gezeigt, die Transformationsmatrix $^k\underline{T}$. Bei der hier verwandten Beschreibungsform ist noch zu erwähnen, daß $\underline{A}_n$ nach $\underline{A}$ überführt wird, wobei allerdings die Umkehrbarkeit der Operationen zu berücksichtigen ist. Neben $\underline{A}$ und $\underline{A}_n$ stehen gleichberechtigt die Systemmatrizen $\underline{S}$ und $\underline{R}$, die, eigentlich der Stabilitätsuntersuchung zuzurechnen, modifizierte, auf den speziellen Anwendungszweck zugeschnittene Differentialgleichung repräsentieren. Da beide mit den Koeffizienten des Systems in Gestalt der charakteristischen Gleichung verknüpft sind, kann hier ebenfalls eine Transformation von $\underline{A}_n$ nach $\underline{S}$ bzw. $\underline{R}$ durchgeführt werden. Die entsprechenden Matrizen sind hinsichtlich ihres Aufbaus aus $^k\underline{T}$ ableitbar und nehmen unter den speziellen Gegebenheiten Dreiecksform an, wobei die zugehörigen Bildungsgesetze aus einfachen algebraischen Operationen aufgebaut sind.

3. Integrale Gütemaße

Unter dem Gesichtspunkt der Optimierung eines linearen zeitinvarianten Systems werden als Vergleichsmaßstab spezielle Krite-

rien herangezogen. Eine Systemparameterverteilung heißt dann
optimal, wenn das zugeordnete Gütemaß hierfür sein Minimum annimmt.
Für Eingrößensysteme ist unter speziellen Nebenbedingungen sogar eine generelle Polstellenverteilung in Abhängigkeit
unterschiedlicher Gütemaße möglich [4]. Für die im weiteren betrachteten Systeme sollen nur quadratische Funktionen der zu beobachteten Größen in Frage kommen. Sei x(t) die Systemvariable,
so wird

$$I_1 = \int_0^\infty x^2(t)\, dt$$

bzw.

$$I_2 = \int_0^\infty t^m\, x^2(t)\, dt \qquad \text{mit } m = 1,2,\ldots$$

betrachtet. Das letzte Integral, welches offensichtlich durch
Gewichtung von x(t) mit der Zeit aus dem ersten hervorgeht,
hat gegenüber diesem die Eigenschaft, daß die Zeitvorgänge wesentlich stärker gedämpft sind. Dieser Sachverhalt ergibt sich
aus der Überlegung, daß durch Quadrieren von x(t) in der Umgebung des Minimums von I_1 nur die Abweichung von Null, nicht jedoch die Änderung der Abweichung den Wert des Integrals beeinflußt. Dies hat zur Folge, daß nur schwach gedämpfte Zeitvorgänge erhalten werden. Bei Multiplikation der Abweichung mit
der Zeit wird der Wert des Integrals vor allem von der Änderung
der Abweichung beeinflußt. Dies hat möglicherweise größere Überschwingungen in der Nähe des Nullpunktes zur Folge, andererseits
aber auch eine größere Dämpfung des gesamten zeitlichen Vorgangs.

Neben der quadratischen und zeitbeschwerten quadratischen Regelfläche müssen für uns jene Gütemaße im Vordergrund stehen, die
von mehr als einer Variablen abhängig sind. Dies sind

$$I_3 = \int_0^\infty \sum_{i=1}^n \alpha_i^2\, x_i^2\, dt$$

und

$$I_4 = \int_0^\infty \left(\sum_{i=1}^n \alpha_i\, x_i\right)^2 dt$$

Hierbei sind x_i z. B. Zustandsvariable eines Systems und α_i
entweder Gewichtsfaktoren, um gewisse Variable besonders zu berücksichtigen oder andere gänzlich auszuschließen. In diesem
Fall wird $\alpha_i = 0$.

3.1 Die Ljapunow-Funktion

Zur Stabilitätsuntersuchung nichtlinearer Systeme wurde von
Ljapunow ein Verfahren vorgeschlagen [14], mit dessen Hilfe unmittelbare Aussagen über das Verhalten des Systems möglich sind.

Im Gegensatz zu den Verfahren, wie z. B. von Routh oder Hurwitz, läßt sich diese Aussage aber nur in den wenigsten Fällen rein schematisch anwenden [15,16]. Wir wollen nicht weiter auf das Verfahren eingehen, da es für unsere Zwecke ausreicht, die Eigenschaften der Ljapunow-Funktion $V(\underline{x})$ zu kennen, die als ein Maß für den Abstand eines Systems vom Gleichgewichtszustand aufgefaßt werden kann. Die Variable $\underline{x}$ kennzeichnet einen Zustandsfaktor. Die Ljapunow-Funktion muß die folgenden drei Eigenschaften gleichzeitig besitzen:

$V(\underline{x}) > 0 \qquad$ für $\underline{x} > 0$
$\qquad\qquad\qquad\quad (0 \, \hat{=} \, $ Nullvektor$)$

$\dfrac{d\,V(x)}{dt} = \dot{V}(\underline{x}) < 0$

$V(\underline{x}) = 0 \qquad$ für $\underline{x} = 0$

Da $V(\underline{x})$ als Maß für die Abweichung vom Gleichgewichtszustand aufgefaßt werden kann, wählen wir für das allgemeine lineare System

$\underline{\dot{x}} = \underline{A}\,\underline{x}$

eine quadratische Form als Ljapunow-Funktion $V(\underline{x})$. Es sei

$V(\underline{x}) = \underline{x}^T\,\underline{P}\,\underline{x}$

Hierbei wollen wir $\underline{P}$ als symmetrisch annehmen, da dann einige Zusammenhänge einfacher dargestellt und behandelt werden können.

Aufgrund der ersten Eigenschaft von $V(\underline{x})$ muß $\underline{P}$ positiv definit sein. Zum Beweis hierfür kann man entweder das Kriterium von Silvester [10] oder einfach die Eigenwerte von $\underline{P}$ heranziehen. Bei den von uns benutzten Matrizen ist diese Eigenschaft jedoch in allen Fällen so offensichtlich, daß dieser Hinweis nur der Vollständigkeit dient.

Wir differenzieren V mit Hilfe der Produktenregel nach der Zeit und erhalten

$\dot{V} = \underline{\dot{x}}^T\,\underline{P}\,\underline{x} + \underline{x}^T\,\underline{P}\,\underline{\dot{x}}$

Mit

$\underline{\dot{x}} = \underline{A}\,\underline{x}$

und

$\underline{\dot{x}}^T = (\underline{A}\,\underline{x})^T = \underline{x}^T\,\underline{A}^T$

ergibt sich

$\dot{V} = \underline{x}^T\,\underline{A}^T\,\underline{P}\,\underline{x} + \underline{x}^T\,\underline{P}\,\underline{A}\,\underline{x}$

$\dot{V} = \underline{x}^T\,(\underline{A}^T\,\underline{P} + \underline{P}\,\underline{A})\,\underline{x}$

Gemäß der zweiten Bedingung fordern wir eine negativ definite quadratische Form, also

$$\dot{V} = -\underline{x}^T \underline{Q} \underline{x}$$

mit

$$-\underline{Q} = \underline{A}^T \underline{P} + \underline{P} \underline{A}$$

$\underline{Q}$ muß hierbei allerdings positiv definit sein. Man kann kein festes Schema zur Berechnung der Elemente der Matrizen $\underline{P}$ und $\underline{Q}$ angeben. Eine nützliche Möglichkeit besteht darin, sich $\underline{Q}$ vorzugeben und dann aus der letzten Gleichung die $\frac{1}{2}n(n+1)$ Elemente der symmetrischen Matrix $\underline{P}$ zu berechnen.

3.2 Bestimmung von Gütemaßen mit Hilfe der Schwarz'schen Matrix

Um über die Schwarz'sche Matrix einen Zusammenhang zu den Gütemaßen zu erhalten, benötigen wir hierfür eine Ljapunow-Funktion, nämlich

$$V(\underline{s}) = \underline{s}^T \underline{P} \underline{s}$$

Nach [16] kann hierbei

$$\underline{P} = \begin{bmatrix} b_1 b_2 b_3 \ldots b_n & 0 & \ldots\ldots\ldots\ldots & 0 \\ 0 & b_1 b_2 b_3 \ldots b_{n-1} & 0 & \ldots & 0 \\ \vdots & & & & \\ 0 & \ldots\ldots\ldots\ldots & 0 & b_1 b_2 & 0 \\ 0 & \ldots\ldots\ldots\ldots\ldots & & 0 & b_1 \end{bmatrix}$$

oder

$$\underline{P} = \text{diag}(b_1 b_2 b_3 \ldots b_n,\ b_1 b_2 b_3 \ldots b_{n-1},\ \ldots,\ b_1 b_2,\ b_1)$$

angenommen werden.

Die Elemente b_i sind die der Schwarz'schen Matrix. $\underline{P}$ ist nur dann positiv definit, wenn alle b_i größer als Null sind. Diese Bedingung hatten wir schon weiter oben für Stabilität kennengelernt. Durch die Ljapunow-Funktion ist also gleichzeitig ein anderer Beweis des Hurwitz'schen Kriteriums gefunden worden.

Wir differenzieren nach der Zeit und erhalten:

$$\dot{V}(\underline{s}) = \underline{s}^T (\underline{P}\,\underline{S} + \underline{S}^T \underline{P})\,\underline{s}$$

Wie unmittelbar gezeigt werden kann, gilt:

$$-\underline{Q} = \underline{P}\,\underline{S} + \underline{S}^T \underline{P} = \begin{bmatrix} 0 & 0 & \ldots\ldots & 0 \\ 0 & 0 & \ldots\ldots & 0 \\ \vdots & & & \\ 0 & \ldots\ldots & 0 & -2b_1^2 \end{bmatrix}$$

Hiermit können wir für $\dot{V}(\underline{s})$ einen einfachen skalaren Ausdruck angeben, der der Ableitung von $V(\underline{s})$ genügt, und zwar:

$$\dot{V}(s) = -2b_1^2 s_n^2$$

Um die grundsätzlichen Zusammenhänge der Gütemaßbestimmung unter Verwendung der Ljapunow-Funktion $V(\underline{s})$ übersehen zu können, wollen wir

$$I = \int_0^\infty s_n^2(t)\, dt$$

berechnen. Hinsichtlich der regelungstechnischen Anwendbarkeit sollen hierzu keine Aussagen gemacht werden, da die Verknüpfung zwischen den Systemvariablen x_i und s_n für die oben angegebenen und eigentlich interessanten Integrale ohne Bedeutung ist. Es sei nur hinzugefügt, daß ein Vergleich mit I_3 auf der Basis

$$\alpha_1 = \alpha_2 = \ldots = \alpha_{n-1} = 0 \qquad \alpha_n = 1$$

möglich ist.

Es gilt

$$s_n^2 = -\frac{\dot{V}(\underline{s})}{2b_1^2}$$

und hiermit:

$$I = -\int_0^\infty \frac{\dot{V}}{2b_1^2}\, dt = -\frac{1}{2b_1^2}(V(\ ) - V(0))$$

Für ein asymptotisch stabiles System gilt:

$$V(\infty) = 0$$

Damit erhalten wir

$$I = \frac{1}{2b_1^2} V(0)$$

$$I = \frac{1}{2b_1^2} \underline{s}^T(0)\, \underline{P}\, \underline{s}(0)$$

Das Integral haben wir durch die Anfangsbedingungen ausgedrückt, die wir für diesen Fall willkürlich wie folgt einführen wollen:

$$s_n(0) = s_o$$
$$s_i(0) = 0 \qquad i = 1,2,\ldots,n$$

Aus der Schwarz'schen Matrix folgt dann:

$$s_{n-1}(0) = -\frac{b_1}{b_2} s_o$$

$$s_{n-2}(0) = \frac{1}{b_3} s_o$$

$$s_{n-3}(0) = -\frac{b_1}{b_2 b_4} s_o$$

$$s_{n-4}(0) = \frac{1}{b_3 b_5} s_o$$

$$s_{n-5}(0) = -\frac{b_1}{b_2 b_4 b_6} s_o$$

. . . .

Eingesetzt in I und ausmultipliziert wird schließlich erhalten:

$$I = \frac{s_o^2}{2b_1^2}(b_1 + b_1 b_2 \frac{b_1^2}{b_2^2} + b_1 b_2 b_3 \frac{1}{b_3^2} + b_1 b_2 b_3 b_4 \frac{b_1^2}{b_2^2 b_4^2} + \ldots)$$

Unter Verwendung von Hurwitz-Determinanten können wir diese Beziehung umschreiben in

$$I = \frac{s_o^2}{2}\left[\frac{1}{\Delta_1} + \frac{\Delta_1^2}{\Delta_2} + \frac{\Delta_2^2}{\Delta_1 \Delta_3} + \frac{\Delta_3^2}{\Delta_2 \Delta_4} + \ldots + \frac{\Delta_{n-1}^2}{\Delta_{n-2}\Delta_n}\right]$$

Zur Bestimmung des Minimums von I als Funktion der Hurwitz-Determinanten können die Ableitungen

$$\frac{\partial I}{\partial \Delta_i} = 0 \qquad \text{mit } i = 1,2,\ldots,n$$

gebildet werden. Wie sich relativ einfach zeigen läßt, wird hierfür die Lösung

$$\Delta_1 = \Delta_2 = \ldots = \Delta_n = 1$$

erhalten. Durch Bildung der zweiten Ableitungen von I und Einsetzen der erhaltenen Lösung kann man sich davon überzeugen, daß tatsächlich ein Minimum gefunden worden ist [9]. Aus den Beziehungen für die Hurwitz-Determinanten kann man weiterhin die optimale Parameterverteilung a_k des Systems bestimmen [1].

Betrachten wir nun das Gütemaß I_4 und gehen von dem allgemeinen homogenen System

$$\underline{\dot{x}} = \underline{A}\,\underline{x}$$

aus, so sind, wie sich gleich zeigen wird, die oben angeschriebenen Transformationen notwendig, um eine Verknüpfung zur Ljapunow-Funktion herzustellen. Weiterhin wollen wir vorausschikken, daß die in I_4 vorkommenden Gewichtsfaktoren frei wählbar sein sollen.

Es galt für das Schwarz'sche System

$$\underline{\dot{s}} = \underline{S}\,\underline{s}$$

die Ljapunow-Funktion

$$V(\underline{s}) = \underline{s}^T\,\underline{P}\,\underline{s}$$

und hieraus in Abhängigkeit der Systemkoeffizienten

$$V(s) = \sum_{i=1}^{n} b_1 b_2 \ldots b_i\, s_{n-i+1}^2$$

Die zeitliche Ableitung von V hatte vorher die Form:

$$\dot{V}(\underline{s}) = -2b_1^2\, s_n^2$$

Wir wenden diese Ergebnisse auf das System

$$\underline{\dot{z}} = \underline{A}\,\underline{z}$$

an, indem wir über die bekannten Transformationsmatrizen die Zustandsvektoren $\underline{s}$ und $\underline{z}$ miteinander verknüpfen. Dabei benutzen wir die transitive Eigenschaft dieser Transformation.

Es war

$$\underline{x} = {^k\underline{T}}\,\underline{z}$$

und

$$\underline{s} = \underline{G}\,\underline{x}$$

gemäß der Abschnitte 2.2.1 und 2.2.2 erhalten worden. In einander eingesetzt folgt:

$$\underline{s} = \underline{G}\,{^k\underline{T}}\,\underline{z}$$

Somit wird als Ljapunow-Funktion folgende quadratische Form erhalten

$$V(\underline{z}) = (\underline{G}\,{^k\underline{T}}\,\underline{z})^T\,\underline{P}\,\underline{G}\,{^k\underline{T}}\,\underline{z}$$

oder durch Umstellen der Gleichung

$$V(\underline{z}) = \underline{z}^T\,{^k\underline{T}}^T\,\underline{G}^T\,\underline{P}\,\underline{G}\,{^k\underline{T}}\,\underline{z}$$

In dieser Beziehung ist neben der Zeit t in $\underline{z}(t)$ noch die unabhängige Veränderliche k enthalten. Beziehen wir uns jetzt auf das vorab ausgerechnete Integral, so wird k = n, wegen

$$\underline{s}_n = \underline{g}_n\,{^k\underline{T}}\,\underline{z}$$

wobei $\underline{g}_n$ der n-te Zeilenvektor von $\underline{G}$ ist, folgt nach den Ausführungen bezüglich der Ableitung von V:

$$\dot{V}(\underline{z}) = -2b_1^2 \, (\underline{g}_n \,{}^k\underline{T}\,\underline{z})^2$$

Setzen wir weiterhin

$$\underline{s}_n = \sum_{i=1}^{n} \alpha_i z_i$$

was sich sowohl für $\underline{T}$ als auch aus $\dot{V}(\underline{z})$ als Linearkombination von z_i ergibt, so gilt:

$$\dot{V}(\underline{z}) = -2b_1^2 \, (\sum_{i=1}^{n} \alpha_i z_i)^2$$

Hiermit können wir die Auswertung des Integrals in einfacher Weise durchführen. Ist

$$I_4 = \int_0^\infty (\sum_{i=1}^{n} \alpha_i x_i)^2 \, dt$$

so folgt:

$$I_4 = -\frac{1}{2b_1^2} \int_0^\infty \dot{V}(\underline{z}) \, dt$$

$$= \frac{1}{2b_1^2} V(O) = \frac{1}{2b_1^2} (\underline{z}(O) \, \underline{T}^T \, \underline{G}^T \, \underline{P} \, \underline{G} \, \underline{T} \, \underline{z}(O))$$

Im Gegensatz zum vorhergehenden Integral werden jetzt diejenigen Systemvariablen mit in den Integranden einbezogen, die aufgrund der Entwurfserfordernisse als notwendig erachtet werden. Der eigentliche Nachteil des Verfahrens besteht allerdings darin, daß bei Vorgabe von α_i die Matrizen entsprechend den vorab angeschriebenen Zusammenhängen anzupassen sind. Dies wird im allgemeinen Fall einige numerische Schwierigkeiten mit sich bringen.

3.3 Bestimmung von Gütemaßen mit Hilfe der Routh'schen Matrix

War im vorhergehenden Abschnitt von der Schwarz'schen Matrix ausgegangen worden, um Gütemaße analytisch zu bestimmen, so soll nunmehr in gleicher Weise von der Routh'schen Matrix Gebrauch gemacht werden. Damit lautet die beschreibende Gleichung

$$\underline{\dot{r}} = \underline{R} \, \underline{r}$$

wobei gemäß Abschnitt 2.2.2 die Transformationsmatrix $\underline{Q}$ für $x_1 = r_1$ zu bilden ist.

Als Ljapunow-Funktion setzen wir in diesem Fall

$$V(\underline{r}) = \underline{r}^T \underline{r} = \sum_{i=1}^{n} r_i^2$$

an. Die zugehörige quadratische Form wird also über die Einheitsmatrix beschrieben.

Es folgt

$$\dot{V}(\underline{r}) = \underline{\dot{r}}^T \underline{r} + \underline{r}^T \underline{\dot{r}} = \underline{r}^T (\underline{R}^T + \underline{R}) \underline{r}$$

Wie wir uns leicht klarmachen können, hat die Matrix der Summe $(\underline{R}^T + \underline{R})$ die Form:

$$\underline{R}^T + \underline{R} = \begin{bmatrix} -2b_1 & 0 & \cdots & 0 \\ 0 & 0 & \cdots & 0 \\ \vdots & & & \\ \vdots & & & \\ 0 & \cdots & \cdots & 0 \end{bmatrix}$$

Die zeitliche Ableitung von $V(\underline{r})$ ist daher der skalare Ausdruck

$$\dot{V}(\underline{r}) = -2b_1 r_1^2$$

Wir setzen die Gleichung

$$\underline{r} = \underline{Q}\,\underline{x}$$

in die Ljapunow-Funktion ein und erhalten

$$V(\underline{x}) = \underline{x}^T \underline{Q}^T \underline{Q}\,\underline{x}$$

mit

$$\dot{V}(\underline{x}) = -2b_1 x_1^2$$

wegen $r_1 = x_1$.

Wir sind nunmehr in der Lage, die quadratische Regelfläche

$$I = \int_0^\infty x_1^2 \, dt$$

für ein gegebenes phasenvariables System zu bestimmen. Dies heißt zunächst, daß wir unsere Betrachtungen auf ein Eingrößensystem beschränken.

Es gilt

$$I = \int_0^\infty x_1^2 \, dt = \frac{1}{2b_1} V(0)$$

$$= \frac{1}{2b_1} (\underline{x}^T(0) \, \underline{Q}^T \, \underline{Q} \, \underline{x}(0))$$

wobei $\underline{Q}$ unter Verwendung der beschriebenen Algorithmen zu ermitteln ist.

Wir gehen einen Schritt weiter und transformieren vom phasenvariablen zum allgemeinen System mit der Beziehung

$$\underline{x} = \underline{T} \, \underline{z}$$

Da mit dieser Gleichung

$$\underline{r} = \underline{Q} \, \underline{T} \, \underline{z}$$

folgt, können wir für das allgemeine System

$$\underline{\dot{z}} = \underline{A} \, \underline{z}$$

die Ljapunow-Funktion

$$V(\underline{z}) = \underline{z}^T \, \underline{T}^T \, \underline{Q}^T \, \underline{Q} \, \underline{T} \, \underline{z}$$

angeben. Zur Bestimmung der zeitlichen Ableitung beschäftigen wir uns zunächst mit der Transformation

$$x_1 = z_k$$

Dann folgt

$$\dot{V}(\underline{z}) = -2b_1 \, z_k^2$$

Hieraus erhalten wir für die k-te Zustandsvariable die verallgemeinerte quadratische Regelfläche:

$$\int_0^\infty z_k^2 \, dt = \frac{V(0)}{2b_1} = \frac{1}{2b_1} (\underline{z}^T(0) \, \underline{T}^T \, \underline{Q}^T \, \underline{Q} \, \underline{T} \, \underline{z}(0))$$

Mit $x_1 = \alpha_k z_k$ folgt:

$$\int_0^\infty (\alpha_k z_k)^2 \, dt = \frac{V(0)}{2b_1} = \frac{1}{2b_1} (\underline{z}^T(0) \, \underline{T}^T \, \underline{Q}^T \, \underline{Q} \, \underline{T} \, \underline{z}(0))$$

$\underline{T}$ ist jetzt als die Matrix $\underline{T} = \alpha_k \, \underline{T}$ anzusehen, die Matrix $\underline{Q}$ wird nicht verändert. Da k die Werte von 1 bis n durchlaufen kann, haben wir die Möglichkeit, das Quadrat jeder beliebigen. mit einem Gewichtsfaktor versehenen Zustandsvariablen zu integrieren. Wenn wir aufsummieren, erhalten wir:

$$\int_0^\infty \sum_{i=1}^n (\alpha_i z_i)^2 \, dt = \frac{1}{2b_1} (\underline{z}^T(0) \, \underline{T}^T \, \underline{Q}^T \, \underline{Q} \, \underline{T} \, \underline{z}(0))$$

Hierin ist jetzt $T = \sum_{i=1}^n \alpha_i \, {}^i T$

$\underline{Q}$ bleibt unverändert.

Gegenüber dem vorhergehenden Abschnitt hat diese Beziehung den Vorteil, daß die Gewichtungsfaktoren nach den Notwendigkeiten der Entwurfsspezifikationen festgelegt werden können. Entsprechend dieser wird $\underline{T}$ bestimmt, bzw. alle anderen Teilmatrizen identisch Null gesetzt.

3.4 Zeitbeschwerte quadratische Gütemaße

Ausgangspunkt der Betrachtung ist wiederum die Ljapunow-Funktion des Routh'schen Systems

$$V(\underline{r}) = \underline{r}^T \underline{r}$$

und hieraus

$$\dot{V}(\underline{r}) = - 2b_1 \, r_1^2$$

und somit bezüglich der phasenvariablen Form

$$\dot{V}(\underline{x}) = - 2b_1 \, x_1^2$$

Wir setzen:

$$\int_0^\infty V(\underline{r}) \, dt = V_1$$

$$\int_0^\infty V_1(\underline{r}) \, dt = V_2$$

....

$$\int_0^\infty V_{m-1}(\underline{r}) \, dt = V_m$$

Weiterhin möge gelten

$$V_m(\underline{r}) = \underline{r}^T \, \underline{U}_m \, \underline{r} = \int_0^\infty V_{m-1}(\underline{r}) \, dt$$

Dieser Ansatz ist möglich, da das Integral einer quadratischen Form wieder durch eine quadratische Form ausgedrückt werden kann. Es gilt somit durch Differentiation

$$V_{m-1}(\underline{r}) = \dot{\underline{r}}^T \, \underline{U}_m \, \underline{r} + \underline{r}^T \, \underline{U}_m \, \dot{\underline{r}}$$

und hieraus

$$V_{m-1}(r) = \underline{r}^T \, (\underline{R}^T \, \underline{U}_m + \underline{U}_m \underline{R}) \, \underline{r}$$

Andererseits gilt voraussetzungsgemäß

$$V_{m-1}(\underline{r}) = \underline{r}^T \underline{U}_{m-1} \underline{r}$$

und somit

$$\underline{U}_{m-1} = \underline{R}^T \underline{U}_m + \underline{U}_m \underline{R}$$

mit

$$\underline{U}_o = \underline{E}$$

Wegen des Ansatzes der hier verwandten Ljapunow-Funktion.

Als zeitbeschwerte quadratische Regelfläche verwenden wir

$$I = \int_0^\infty t^m r_1^2 \, dt = \int_0^\infty t^m x_1^2 \, dt$$

Es war

$$r_1^2 = -\frac{\dot{V}(\underline{r})}{2b_1}$$

dann ergibt sich durch Multiplikation mit t^m und anschließender Integration:

$$\int_0^\infty t^m r_1^2 \, dt = \frac{1}{2b_1} \int_0^\infty t^m \dot{V}(\underline{r}) \, dt$$

Integrieren wir auf der rechten Seite partiell, so folgt:

$$\int_0^\infty t^m \dot{V} \, dt = t^m V(\underline{r}) \Big| - \int_0^\infty m \, t^{m-1} V \, dt$$

$$= -m \int_0^\infty t^{m-1} V \, dt$$

mit

$$\lim_{t \to \infty} t^m V(\underline{r}) = 0$$

Sukzessive Anwendung der partiellen Integration führt auf

$$\int_0^\infty t^{m-1} V \, dt = t^{m-1} V_1 \Big|_0^\infty - (m-1) \int_0^\infty t^{m-2} V_1 \, dt$$

Für unser asymptotisch stabiles System gilt aber

$$\lim_{t \to \infty} t^{m-k} V_k = 0 \qquad k = 1,2,\ldots,m$$

Also erhalten wir:

$$\int_0^\infty t^{m-1} \, v \, dt = -(m-1) \int_0^\infty t^{m-2} \, v_1 \, dt$$

Damit liefert unser Integral

$$\int_0^\infty t^m \, \dot{v} \, dt = (-1)^m \, m! \, V_m(0)$$

nach m-maliger Anwendung der partiellen Integration. Also:

$$\int_0^\infty t^m \, r_1^2 \, dt = \int_0^\infty t^m \, x_1^2 \, dt$$

$$= (-1)^m \, \frac{m!}{2b_1} \, (\underline{r}^T(0) \, \underline{U}_m \, r(0))$$

Wir erhalten also eine geschlossene Formel, in der $\underline{U}_m$ durch Lösung von $m \frac{1}{2} n (n+1)$ linearer Gleichungen, wie weiter oben angegeben, gefunden wird.

Bei den meisten technischen Systemen kann man davon ausgehen, daß die Anfangsbedingungen bekannt sind. Handelt es sich um verfahrenstechnische oder Systeme ohne Zählerdynamik, so gelten die speziellen Bedingungen in phasenvariabler Form:

$x_1(0) = 1 \qquad x_i(0) = 0 \quad$ für $i = 2,\ldots,n$
$\qquad\qquad\qquad x_i(t \to \infty) = 0 \quad$ für $i = 2,\ldots,n$

Mit

$$\dot{x}_i = x_{i+1}$$

und

$$a_0 x_1 + a_1 x_2 + \ldots + a_{n-1} x_n + a_n x_{n+1} = 0$$

ergibt sich durch Multiplikation mit x_2 und anschließender Integration

$$a_0 \int_0^\infty x_1 x_2 \, dt + a_1 \int_0^\infty x_2^2 \, dt + \ldots + a_{n-1} \int_0^\infty x_n x_2 \, dt +$$

$$+ a_n \int_0^\infty x_{n+1} x_2 \, dt$$

Es ist:

$$\int_0^\infty x_1 x_2 \, dt = \int_0^\infty x_1 \frac{dx_1}{dt} \, dt = -\frac{1}{2} x_1^2(0)$$

$$\int_0^\infty x_2 x_3 \, dt = \int_0^\infty x_2 \frac{dx_2}{dt} \, dt = -\frac{1}{2} x_2^2(0) = 0$$

$$\int_0^\infty x_2 x_4 \, dt = x_2 x_3 \Big|_0^\infty - \int_0^\infty x_3^2 \, dt = -\int_0^\infty x_3^2 \, dt$$

Allgemein gilt

$$\int_0^\infty x_k x_{k+2j} \, dt = (-1)^j \int_0^\infty x_{k+j}^2 \, dt \qquad \begin{array}{l} k = 1,2,\ldots \\ j = 1,2,\ldots \end{array}$$

$$\int_0^\infty x_k x_{k+2j+1} \, dt = -\frac{x_1^2(0)}{2} \qquad \begin{array}{l} k = 1 \\ j = 0 \end{array}$$

sonst:

$$\int_0^\infty x_k x_{k+2j+1} \, dt = 0 \qquad \begin{array}{l} k = 1,2,\ldots \\ j = 1,2,\ldots \end{array}$$

Unter I_k sei in diesem Abschnitt das Integral

$$I_k = \int_0^\infty x_k^2 \, dt$$

verstanden. Hiermit sowie den vorab erhaltenen Ergebnissen folgt nunmehr:

$$a_1 I_2 - a_3 I_3 + a_5 I_4 - \ldots = \frac{a_o}{2}$$

Multiplizieren wir die auf Zustandsform gebrachte System-Differentialgleichung sukzessive mit $x_3, x_4, \ldots$, integrieren und setzen die Ergebnisse in die Integrale ein, so erhalten wir:

$$-a_o I_2 + a_2 I_3 - a_3 I_4 + \ldots = 0$$
$$-a_1 I_3 + a_3 I_4 - \ldots = 0$$

Die Ergebnisse lassen sich in Matrix-Schreibweise zusammenfassen, und zwar

$$\underline{B} \, \underline{i} = \underline{d}$$

Es ist:

$$\underline{B} = \begin{bmatrix} a_1 & -a_3 & a_5 & -a_7 & \cdots \\ -a_0 & a_2 & -a_4 & a_6 & \cdots \\ 0 & -a_1 & a_3 & -a_5 & \cdots \\ 0 & a_0 & -a_2 & a_4 & \cdots \\ \cdot & \cdot & \cdot & \cdot & \cdot \\ \cdot & \cdot & \cdot & \cdot & \cdot \\ \cdot & \cdot & \cdot & \cdot & \cdot \end{bmatrix}$$

Hierbei ist $\underline{B}$ von der Form $(n-1) \times (n-1)$.

Ferner ist

$$\underline{i} = (I_2, I_3, I_4, \ldots, I_n)^T$$

ein Vektor mit (n-1) Komponenten

und

$$\underline{d} = (\frac{a_0}{2}, 0, 0, \ldots, 0)^T$$

Durch Matrizeninversion, also

$$\underline{i} = \underline{B}^{-1} \underline{d}$$

folgen die Integrale unmittelbar.

Wir wenden uns nun der Ljapunow-Funktion für das phasenvariable System zu, die wir aus der Routh'schen Form gewonnen haben:

$$V(\underline{x}) = \underline{x}^T \underline{Q}^T \underline{Q} \underline{x}$$

$$V(\underline{x}) = \underline{x}^T \underline{U} \underline{x}$$

mit

$$\underline{U} = \underline{Q}^T \underline{Q}$$

$\underline{U}$ ist eine symmetrische Matrix, d. h. für ihre Elemente gilt:

$$U_{ik} = U_{ki}$$

Deshalb können wir die Ljapunow-Funktion V in der Form:

$$\begin{aligned} V(x) = &\, U_{11} x_1^2 + 2U_{12} x_1 x_2 + \ldots + 2U_{1n} x_1 x_n \\ &+ U_{22} x_2^2 + 2U_{23} x_2 x_3 + \ldots + 2U_{2n} x_2 x_n \\ &\ldots\ldots\ldots\ldots\ldots\ldots\ldots \\ &+ U_{nn} x_n^2 \end{aligned}$$

schreiben.

Wir integrieren nun auf beiden Seiten, wobei wir die bislang gewonnenen Ergebnisse beachten

$$\int_0^\infty x_1^2 \, dt = \frac{1}{2b_1} (\underline{x}^T(0) \, \underline{U} \, \underline{x}(0))$$

Für die in diesem Abschnitt vorausgesetzten Anfangsbedingungen folgt:

$$\int_0^\infty x_1^2 \, dt = \frac{1}{2b_1} U_{11} \, x_1^2(0) = \frac{1}{2b_1} U_{11}$$

Dann wird mit $V(\underline{x})$

$$\int_0^\infty V \, dt = \frac{U_{11}^2}{2b_1} - U_{12} + (U_{22} - 2U_{13}) \, I_2 +$$
$$+ (U_{33} - 2U_{24} + 2U_{15}) \, I_3 +$$
$$+ (U_{44} - 2U_{17} + 2U_{16} - 2U_{35}) \, I_4 + \ldots$$

Die Integrale I_k gewinnen wir, wie gezeigt, durch Inversion. Wir greifen auf die Gleichung

$$\int_0^\infty t^m \dot{V} \, dt = -m \int_0^\infty t^{m-1} V \, dt$$

zurück und setzen $m = 1$

$$\int_0^\infty t \, \dot{V} \, dt = -\int_0^\infty V \, dt$$

Weiterhin galt für die zeitliche Ableitung der Ljapunow-Funktion

$$\dot{V} = -2b_1 \, x_1^2 = -2b_1 \, r_1^2$$

Damit eliminieren wir $\dot{V}$ und erhalten für das phasenvariable System

$$\int_0^\infty t \, x_1^2 \, dt = \frac{1}{2b_1} \int_0^\infty V \, dt$$

Für das Routh'sche System ergibt sich also

$$\int_0^\infty t \, r_1^2 \, dt = \frac{1}{2b_1} \int_0^\infty V \, dt$$

Hierbei ergibt sich $\int_0^\infty V \, dt$ aus den Elementen von $\underline{U}$, wie vorab gezeigt.

Bevor wir das zeitbeschwerte quadratische Gütemaß für das phasenvariable System angeben können, benötigen wir noch einen Zwischenschritt. Dieser erfolgt durch die Abbildungsbeziehung

$$x_1(t) = e^{-\alpha t} w_1(t)$$

Hiermit gelingt es, die zeitbeschwerte, verallgemeinerte quadratische Regelfläche der Form

$$I_k = \int_0^\infty t^k r_n^2 \, dt$$

für ein Schwarz'sches System zu berechnen.

Wir gehen von der homogenen Differentialgleichung

$$x^{(n)} + a_{n-1} x^{(n-1)} + \ldots + a_2 \ddot{x} + a_1 \dot{x} + a_0 x = 0$$

aus und erhalten hiermit:

$$w^{(n)} + a_{n-1}(\alpha) w^{(n-1)} + \ldots + a_2(\alpha) \ddot{w} + a_1(\alpha) \dot{w} + a_0(\alpha) w = 0$$

Die Koeffizienten $a_n(\alpha)$ sind Polynome in α. Die Differentialgleichung können wir geschlossen durch

$$\sum_{i=0}^{n} w^{(i)} \sum_{k=0}^{n} a_k(-\alpha)^{k-i} f\binom{k}{i} = 0$$

mit

$$f\binom{k}{i} = \begin{cases} \binom{k}{i} & \text{für } k \geq i \\ 0 & \text{für } k < i \end{cases}$$

ausdrücken, wobei $w^{(i)}$ i-te zeitliche Ableitung von w ist.

Der Koeffizient bei der i-ten Ableitung ergibt sich, wenn wir die zweite von k = 0 bis n laufende Summe unter Berücksichtigung von $f\binom{k}{i}$ auswerten.

Gehen wir nunmehr speziell von der Schwarz'schen Form der Systembeschreibung aus. Sei hier bei $\underline{S}(t)$ das Original- und $\underline{S}^*(t)$ das durch die Abbildungsgleichung erzeugte System, dann ist

$$\underline{\dot{s}} = \underline{S}\,\underline{s}$$

und

$$\underline{\dot{s}}^* = \underline{S}(\alpha)\,\underline{s}^*$$

Hierfür war die Ljapunow-Funktion

$$V(s) = \underline{s}^{*T} \underline{P}(\alpha) \underline{s}^*$$

mit der zeitlichen Ableitung

$$\dot{V}(s) = -2 b_1(\alpha) s_n^{*2}$$

oder hieraus

$$I(\alpha) = \int_0^\infty s_n^{*2} \, dt$$

$$= \frac{1}{2b_1(\alpha)} (\underline{s}^T(0) \, \underline{P} \, \underline{s}(0))$$

wegen $t = 0$.

Es gilt nun

$$I(\alpha) = \int_0^\infty e^{-2\alpha t} s_n^2 \, dt$$

wobei

$$e^{-2\alpha t} = \sum_{i=0} \frac{(-2\alpha t)^i}{i!}$$

und hiermit:

$$I(\alpha) = \int_0^\infty \sum_{i=0} \frac{(-2\alpha t)^i}{i!} s_n^2 \, dt$$

Sei

$$I_k = \int_0^\infty t^k s_n^2 \, dt$$

so folgt schließlich:

$$I(\alpha) = \sum_{i=0} \frac{(-2\alpha)^i}{i!} I_i$$

Differenzieren wir die i-te Komponente i-mal nach der Hilfsvariablen α und setzen diese dann gleich Null, so gilt

$$I_i(\alpha) = \frac{1}{2^i} \frac{d^i}{d\alpha^i} \left[\frac{1}{2b_1(\alpha)} (\underline{s}^{*T}(0) \, \underline{P} \, \underline{s}^*(0)) \right]_{\alpha=0}$$

Es gelingt uns also, jeden Teilsummanden und somit die einzelnen zeitbeschwerten Gütemaße aus $\underline{T}(\alpha)$ zu bestimmen.

Wenden wir dieses Verfahren sinngemäß auf das gleiche System in Routh'scher Schreibweise an, so gilt zunächst

$$I(\alpha) = \frac{1}{2b_1(\alpha)} (\underline{w}^T(0) \, \underline{Q}^T(\alpha) \, \underline{Q}(\alpha) \, \underline{w}(0))$$

und dann

$$I(\alpha) = \int_0^\infty e^{-2\alpha t} x_1^2(t) \, dt$$

Hierbei gilt wiederum:

$$\int_0^\infty t^i x_1^2 \, dt = \frac{1}{2^i} \frac{d^i I(\alpha)}{d\alpha^i}$$

$$= \frac{1}{2^i} \frac{d^i}{d\alpha^i} \left[\frac{1}{2b_1(\alpha)} (\underline{w}^T(0) \, \underline{U}(\alpha) \, \underline{w}(0)) \right]_{\alpha = 0}$$

4. Zusammenfassung

Lineare, zeitinvariante Systeme lassen sich unter Verwendung integraler Gütemaße miteinander vergleichen. Das bedeutet zunächst einmal, daß der Wert des Gütemaßes zum Vergleich und zur Wertung von Parameterverteilungen eines Systems herangezogen werden kann. Andererseits ist die Wahl eines Gütemaßes mit zwei Problemen verknüpft. Erstens gibt es beliebig viele Möglichkeiten, Integranden zur Auswertung des Systemverhaltens zu definieren. Es ist nämlich nicht möglich, ein Gütemaß so anzugeben, daß alle vom System verlangten Eigenschaften entweder berücksichtigt oder diese im Ergebnis besonders hervorgehoben werden. Aus diesem Grund stehen viele integrale Gütemaße hinsichtlich ihrer Anwendbarkeit gleichberechtigt nebeneinander. Zweitens ist bezüglich des Auswertungsverfahrens dieser Maße zwischen analytisch und numerisch zu unterscheiden.

Für Ein- oder Mehrgrößensysteme, bei denen die Parameter fest vorgegebener Regler oder Entkopplungsnetzwerke zu bestimmen sind, spielt diese Unterscheidung nur eine untergeordnete Rolle. Geht es jedoch darum, einen Zusammenhang zwischen den Parametern und z. B. dem Grad der Kopplung zu ermitteln, so liefern numerische Verfahren zwar wertvolle Hinweise, nicht jedoch unmittelbar anwend- und verwertbare Zusammenhänge. Gerade bei Mehrgrößensystemen, bei denen die Entkopplung trotz ihres teilweise enormen Aufwands nicht notwendig bessere Ergebnisse liefert, sind viel schwieriger zu überschauen und damit zu interpretieren. Aus diesen Überlegungen folgt somit, daß analytische Methoden der Vorzug zu geben ist.

Geht man also von diesen Voraussetzungen aus und fordert mithin analytische Verfahren, so erweisen sich speziell die quadratischen und zeitbeschwerten quadratischen Gütemaße als besonders wirkungsvoll. Diese lassen sich sowohl für Ein- als auch für Mehrgrößensysteme analytisch darstellen.

Ausgangspunkt jeder Betrachtung ist das Eingrößensystem, das durch Zustandsvariable in phasenvariabler Form beschrieben wird. Unter Verwendung geeigneter Transformationen können die Zustandsvariablen auf spezielle Koordinatensysteme abgebildet werden, die zunächst einmal der Stabilitätsuntersuchung dienen. Zur Vereinfachung, ohne hierbei Systemeigenschaften zu verlieren, wird jeweils von der homogenen Matrizen-Differentialgleichung ausgegangen. Homogene und Inhomogene unterscheiden sich unter den geforderten Bedingungen - Übertragungssysteme - jeweils durch einen Satz unterschiedlicher Anfangsbedingungen. In diesen Koordinatensystemen spielt es nun aber auch keine Rolle mehr, ob die Ausgangsbeziehungen einem Ein- oder Mehrgrößensystem entstammen. Einmal sind in den Vektoren $\underline{r}$ und $\underline{s}$ der Routh'schen bzw. Schwarz'schen Form alle Komponenten von $\underline{x}$ enthalten, zum anderen besteht jederzeit für ein beobachtbares System die Möglichkeit, eine nichtsinguläre Transformation anzugeben, mit deren Hilfe $\underline{z}$ - das allgemeine System - nach $\underline{x}$ und umgekehrt überführt werden kann.

Sowohl $\underline{r}$ und $\underline{s}$ liefern eindeutige Zusammenhänge zur Ljapunow-Funktion, die unter den gemachten Voraussetzungen besonders einfach ist und entweder eine oder mehrere Komponenten der Zustandsvektoren enthält. Es gelingt, unmittelbar eine Verknüpfung zwischen der Ableitung der Ljapunow-Funktion und den gesuchten Integralen herzustellen, womit diese in Abhängigkeit der Komponenten und etwaiger Gewichtungsfaktoren analytisch bestimmt sind.

Da sich diese Aussage zunächst nur auf Integrale ohne Zeitgewichtung beschränkt, werden spezielle Umrechnungsverfahren angegeben, so daß die Zeit mit beliebig wählbarem Exponent zusätzlich als Faktor im Integranden vorkommt.

Allen Verfahren und Auswertungsmethoden ist die Anwendung einfacher Matrizenoperationen gemeinsam. Bei der Auswahl und Durchführung möglicher Verfahren wurde hierauf besonderer Wert gelegt. Das geschah aufgrund der Überlegung, daß für die analytische Behandlung komplexer Systeme auf keinen Fall iterative Algorithmen verwandt werden können, wenn mit unbekannten Parametern zu rechnen ist. Weiterhin bilden die vorgestellten Auswertungsverfahren die Grundlage zur Optimierung auf der Basis der Maximum-Minimum-Berechnung. D. h. aber, daß möglicherweise weitere Verknüpfungen der Systemvariablen erst hier endgültig eleminiert werden.

5. Literaturverzeichnis

[1] **Effertz, F.H.** und F. Kolberg, Einführung in die Dynamik selbsttätiger Regelungssysteme, VDI-Verlag, Düsseldorf, 1963.
[2] **Graham, D.** und R.C. Lathrop, Syntheses of Optimum Transient Respond, Trans. AIEE (1953) Pt II, S. 273.
[3] **Anke, K.**, Eine neue Berechnungsmethode der quadratischen Regelfläche, ZAMM (1955), S. 327.
[4] **Pleßmann, K.W.**, Normpolynome für integrale Gütemaße. Regelungstechnik u. Prozeßdatenverarbeitung 19 (1971), S. 435 - 439.
[5] **Chieh, H.T.**, Generalized linear Transformations für Dynamical Systems, Proc. IEEE 54 (1966), S. 1612.
[6] **Wall, H.S.**, Analytic Theory of Continued Fraction, Mac Graw-Hill, New-York, 1948.
[7] **Schwarz, H.R.**, Ein Verfahren zur Stabilitätsfrage bei Matrizen Eigenwertproblemen, Zeitschrift für angewandte Mathematik und Physik, Band 7, 1956, S. 473 - 500.
[8] **Zurmühl, R.**, Praktische Mathematik für Ingenieure und Physiker, Springer-Verlag, Berlin-Heidelberg 1965.
[9] **Parks, P.C.**, A new proof of the Hurwitz stability criterion by the second method of Ljagunov with application to optimum transfer functions Proceedings Joint Automatic Control Conference, New York 1963, S. 471 - 478.
[10] **Gantmacher, F.R.**, Matrizenrechnung I+II. VEB Deutscher Verlag der Wissenschaften, Berlin, 1959.
[11] **Power, H.M.**, The companion matrix and Ljapunov functions for linear, multivariable, timeinvariant systems, Franklin Institute, Vol 3, 1967, S. 214 - 234.
[12] **Puri, N.N.** und C.N. Weygandt, Calculation of quadratic moments of high order linear systems via Routh canonical transformation, IEEE Trans. on Appl. and Ind., Vol 75, 1964, S. 428 - 433.
[13] **Pleßmann, K.W.**, Numerische Verfahren zur Behandlung linearer und nichtlinearer Systeme im Zeitbereich. Regelungstechn. 16 (1968), S. 14 - 19.
[14] **La Salle, J.** und S. Lefschitz, Stabilitätstheorie von Ljapunow BI-Taschenbuch-Verlag, Mannheim, 1966.
[15] **Dorf, R.C.**, Time-domain analysis and design of control systems. Addison-Wesley Publishing Company Inc., Reading (Massachusetts) 1965.
[16] **Kalman, R.E.** und J.E. Bertram, Control systemsanalysis and design via the second method of Ljapunov. Trans. American Society of Control-Engineers, Series D, 1960, S. 371 - 391.

Abbildungen

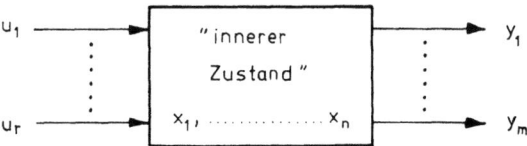

Abb. 1: Allgemeines Übertragungssystem

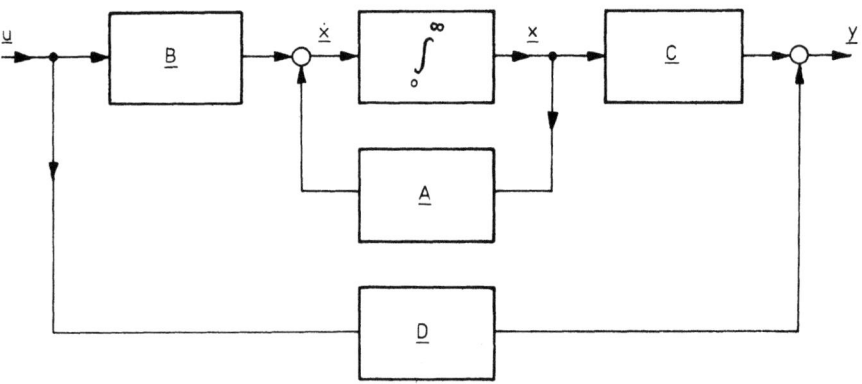

Abb. 2: Blockschaltbild nach Gl. (1) und (2)

Forschungsberichte des Landes Nordrhein-Westfalen

Herausgegeben im Auftrage des Ministerpräsidenten Heinz Kühn
vom Minister für Wissenschaft und Forschung Johannes Rau

Sachgruppenverzeichnis

Acetylen · Schweißtechnik
Acetylene · Welding gracitice
Acétylène · Technique du soudage
Acetileno · Técnica de la soldadura
Ацетилен и техника сварки

Arbeitswissenschaft
Labor science
Science du travail
Trabajo científico
Вопросы трудового процесса

Bau · Steine · Erden
Constructure · Construction material ·
Soilresearch
Construction · Matériaux de construction ·
Recherche souterraine
La construcción · Materiales de construcción ·
Reconocimiento del suelo
Строительство и строительные материалы

Bergbau
Mining
Exploitation des mines
Minería
Горное дело

Biologie
Biology
Biologie
Biologia
Биология

Chemie
Chemistry
Chimie
Química
Химия

Druck · Farbe · Papier · Photographie
Printing · Color · Paper · Photography
Imprimerie · Couleur · Papier · Photographie
Artes gráficas · Color · Papel · Fotografía
Типография · Краски · Бумага · Фотография

Eisenverarbeitende Industrie
Metal working industry
Industrie du fer
Industria del hierro
Металлообрабатывающая промышленность

Elektrotechnik · Optik
Electrotechnology · Optics
Electrotechnique · Optique
Electrotécnica Optica
Электротехника и оптика

Energiewirtschaft
Power economy
Energie
Energía
Энергетическое хозяйство

Fahrzeugbau · Gasmotoren
Vehicle construction · Engines
Construction de véhicules · Moteurs
Construcción de vehículos · Motores
Производство транспортных средств

Fertigung
Fabrication
Fabrication
Fabricación
Производство

Funktechnik · Astronomie
Radio engineering · Astronomy
Radiotechnique · Astronomie
Radiotécnica · Astronomía
Радиотехника и астрономия

Gaswirtschaft
Gas economy
Gaz
Gas
Газовое хозяйство

Holzbearbeitung
Wood working
Travail du bois
Trabajo de la madera
Деревообработка

Hüttenwesen · Werkstoffkunde
Metallurgy · Materials research
Métallurgie · Matériaux
Metalurgia · Materiales
Металлургия и материаловедение

Kunststoffe
Plastics
Plastiques
Plásticos
Пластмассы

Luftfahrt · Flugwissenschaft
Aeronautics · Aviation
Aéronautique · Aviation
Aeronáutica · Aviación
Авиация

Luftreinhaltung
Air-cleaning
Purification de l'air
Purificación del aire
Очищение воздуха

Maschinenbau
Machinery
Construction mécanique
Construcción de máquinas
Машиностроительство

Mathematik
Mathematics
Mathématiques
Matemáticas
Математика

Medizin · Pharmakologie
Medicine · Pharmacology
Médecine · Pharmacologie
Medicina · Farmacología
Медицина и фармакология

NE-Metalle
Non-ferrous metal
Metal non ferreux
Metal no ferroso
Цветные металлы

Physik
Physics
Physique
Física
Физика

Rationalisierung
Rationalizing
Rationalisation
Racionalización
Рационализация

Schall · Ultraschall
Sound · Ultrasonics
Son · Ultra-son
Sonido · Ultrasónico
Звук и ультразвук

Schiffahrt
Navigation
Navigation
Navegación
Судоходство

Textilforschung
Textile research
Textiles
Textil
Вопросы текстильной промышленности

Turbinen
Turbines
Turbines
Turbinas
Турбины

Verkehr
Traffic
Trafic
Tráfico
Транспорт

Wirtschaftswissenschaften
Political economy
Economie politique
Ciencias económicas
Экономические науки

Einzelverzeichnis der Sachgruppen bitte anfordern

Westdeutscher Verlag · Opladen
567 Opladen/Rhld., Ophovener Straße 1–3, Postfach 1620

If you have any concerns about our products,
you can contact us on
ProductSafety@springernature.com

In case Publisher is established outside the EU,
the EU authorized representative is:
**Springer Nature Customer Service Center GmbH
Europaplatz 3, 69115 Heidelberg, Germany**

Printed by Libri Plureos GmbH
in Hamburg, Germany